Burberry 【柏柏利】 長風衣、格子紋、自信格，表現出強烈的英式生活風格。

Chanel 【香奈兒】 解放女性的桎梏，更開啟了女性主義的風潮

Christian Dior 【克麗絲汀迪奧】 展現女性的柔美優雅，由法式宮廷走到街頭民族風。

Fendi 【芬迪】 以皮草著名，充滿奢華與貴族風範。

Armani 【亞曼尼】 簡單的剪裁、中性的風格，即能展現無限的品味與質感

Gucci 【古馳】 以皮件起家，其包包系列、超高性感細跟鞋、黑色緞質的東洋風和服概念，出盡鋒頭。

Hermes 【愛馬仕】 精緻的皮革工藝，為精緻生活美學的一部分，馬車標誌訴說著其百年風采

Louis Vuitton 【路易威登】 旅遊藝術的標誌，是許多名牌新鮮人的入門品牌

Prada 【普拉達】 黑色尼龍布的手袋、皮鞋與配件，為現代極簡主義的代表

Salvatore Ferragamo 【菲拉格慕】 以製鞋名聞世界，注重人體工學，表現實用精緻的生活時尚。

# 愛名牌

■ 蔣佳玲　著

# 喜愛名牌的體質是可以培養的

第一次接觸名牌，大約是剛上大學的時候，不過當時名牌的資訊並不像現在一般唾手可得，也不時興追求名牌的風氣，許多名牌甚至在台灣根本沒有專賣店。

到紐約唸書後，第一次走進只有在電影中看過的Tiffany本店，從門口西裝筆挺的壯碩保全人員，到店內高級優雅的陳設，專業洗鍊的服務人員，當然還有完美無暇的Tiffany經典鑽石，在精準設計的燈光襯托之下，傳遞出Tiffany獨一無二的品牌價值。我終於了解奧黛莉赫本在第凡內早餐中，為何如此迷戀Tiffany中的一切，這可說是我首次感受到品牌的魔力。

之後，由於工作，經常有機會到巴黎，並與當地品牌經理人交流，發現名牌價值除了在於傳統認知的精細作工與獨特設計外，市場行銷能力更是品牌成功與否的最重要因素，Christian Dior與Gucci就是最好的例子。此外，在台灣區與亞太區品牌經理人往來過程中，了解到名牌之所以不死，關鍵在於其對品質的堅持，以及不斷為目標消費者創造憧憬與渴望。

隨著年齡與對名牌的了解，自己的確開始對於某些品牌產生憧憬與渴望，也希望擁有展現品牌價值的自信。雖然近年來在市場行銷的操作下，許多品牌推出一些低單價的配飾作為吸引年輕族群的訴求，但是女性不琢磨自己成為適合香奈兒的女人或是適合愛馬仕的女人，畢竟無法充分展現大師設計與作工質感之極致。

與名牌交手，重要的是了解自己所適合與喜歡的風格，不見得市場上最紅最暢銷的名牌，就最適合自己。本書所挑選的十個品牌，都有非常明顯的特色，也是目前在時尚圈各領風騷的品牌。

　　最大時尚精品集團LVMH旗下的Louis Vuitton、Christian Dior、Fendi，是三個歷史悠久的品牌，其品牌價值與優異的品質在強勢行銷的推波助瀾下，氣勢銳不可擋。

　　尤其是Louis Vuitton與Christian Dior，更是擅長利用一些突破傳統的設計，如村上隆的卡通圖案與街頭龐克風，引爆時尚圈的話題與買氣；而Gucci則為時尚圈另一個呼風喚雨的集團，由集團總監Tom Ford親自操刀的Gucci，近年來以超性感的風格，席捲全球；Chanel則是時尚圈的女王，Coco Chanel所寫下的山茶花經典傳奇，絕對值得對名牌有興趣的讀者一窺究竟；Hermes是名牌中的貴族，高貴無比的質感與高不可攀的價格，加上凱莉包傳奇，稱之為名牌中的名牌絕不為過；Burberry則是經典老牌浴火重生的最佳典範，也是經典款與流行款一樣出色的品牌；同樣來自義大利的Prada、Armani與Savatore Ferragamo，則在流行風格、線條質感與雍容優雅三個不同領域中各領風騷。希望藉由對這十個具有代表性且風格獨具之品牌的介紹，能夠引領讀者進入名牌迷人的世界，並進一步發現最能表達自我風格的品牌。

　　作家劉黎兒曾引述一位日本女星的話：「自己買愛馬仕的酒杯，是因為在外面的店喝紅酒時不會邂逅到的。」對於名牌的追求達到這樣的境界，其實已成為一種生活態度。在名牌資訊唾手可得、名牌專賣店隨處可見的現在，藉由學習與欣賞提升品味，依自己的能力自信地將名牌與非名牌高明的搭配，絕對是可以達成目標。

　　本書是愛上名牌的第一本工具書，希望能夠引領對名牌有興趣的讀者一窺名牌的殿堂，慢慢了解名牌的魅力。

薛佳玲

# 目錄

## Part I

引領時代風潮——世界十大名牌流行傳奇

Part

I

女人永恆的秘密境地，永遠少一件的神秘誘惑，
　　　　　只在於身體曖昧的美學感動，無關乎歲月

# Burberry

## 帛柏利

風衣與格子紋的傳奇

看到格子紋、百褶裙、長風衣，你會想到哪個品牌？沒錯，就是英國傳統老牌Burberry。從品牌創立開始，Burberry就不斷以創新、品質與設計風格聞名於世，最著名的莫過於世界首創的防水透氣斜紋布（Gabardine），設計出Burberry的代名詞——風衣，以及風靡全球的格紋圖案。

雖然這個老字號的英國品牌面臨了老化的危機，但在亞洲國家，人氣仍是居高不下。新的經營團隊自1999年從品牌傳統概念發展出流行感強的全新設計後，Burberry 又開始重新活躍於國際時尚舞台。

## 【經典歷史篇】

### 帶劍騎士的百年風采

1856年，Burberry的品牌創辦人Thomas Burberry在英格蘭的Basingstoke開設了第一家服裝店。隨著生意不斷擴張，1870年代，已成為當地居民與遊客心中，戶外活動服飾的唯一選擇。1879年，Burberry發展出一種在編織前即做過防水處理的新布料，不但防水，而且涼爽透氣，並取了一個別緻的名字「Gabardine加巴甸」，同時註冊為專利商標。

1900年，第一件Burberry雨褸問世，並取其設計特徵命名為「Slip-on」（套頭輕便雨褸）。之後這款雨褸在第一次世界大

戰期間，成爲最具代表性的標準服飾。爲了配合軍隊的需求，又加添了肩飾、吊帶及D型腰間扣環等嶄新元素。家喻戶曉的經典風衣（Trench Coat），如是誕生。

1901年，Burberry的帶劍騎士商標正式出現，並登記爲註冊商標，一直沿用至今，成爲Burberry的主要識別。

進入20世紀，隨著第一部汽車的誕生，Burberry亦憑藉著實用的運動服飾嶄露頭角。Burberry各款馳名的產品，包括選用粗呢及皮革製成的風衣。男士服飾以寬鬆剪裁爲賣點，以方便在駕車時包裹著雙腿，儼如溫暖的毛氈。

首位涉足南極的挪威探險家Ronald Amundsen船長，亦穿著功能卓越的Burberry工人褲，以抵禦嚴酷的氣候，成功地完成了探險任務。Burberry更爲飛行員設計了輕巧的防風服裝，爲飛行任務提供了舒適的保護。

1924年，當時套用於風衣襯裡的Burberry招牌格子圖案首度亮相，並註冊爲專利商標。從1967年開始，格紋圖案便開始應用到雨傘、行李箱與圍巾等產品線上。時至今日，Burberry格子備有駝色、黑色、紅色與白色等優雅色調，更成爲Burberry的品牌象徵，在國際時尚界與所有消費者的心目中佔有重要地位。

在往後的30年間，Burberry 擴展到了美國東西岸各大城

市。但隨著時間流逝，這個英國老牌的光輝似乎蒙上了陰影。

1997年，新的 CEO Rose Marie Bravo正式將公司名稱由Burberry's 改為大家熟悉的Burberry以避免混淆，並啓用新的設計總監Roberto Menichetti，在1999年於倫敦時尚週舉辦服裝發表秀，旋即獲得英國年度經典設計大賞，又重新賦予這個歷史悠久的品牌新的面貌和活力。經典的Burberry終於再生了！

【經典歷史篇】

### 你所不知道的風衣故事

有一天，Thomas Burberry發現英國牧羊人都愛穿冬暖夏涼的麻質工作服，於是靈機一動，決定將這個原理應用到其他服飾。

1879年，他成功地以獨門秘方創製一款新穎的質料。紗線

■1901年，Burberry的帶劍騎士商標正式出現，一直沿用至今，為Burberry的主要識別。1924年，Burberry招牌格子圖案首度亮相，並註冊為專利商標。

在紡織以前便先經過防水處理，紡成布匹後，再利用獨門秘方加工防水，製成具有防止撕裂與防水功能，同時透氣度特別高的嶄新布料「加巴甸」。這種精采、嶄新的布料，旋即獲得愛好戶外活動人士的寵愛。因此，不論在各種運動場合、山嶺上、海洋上、高空上，甚至是嚴寒的雪地上，都可發現此新布料的蹤影。

全球率先橫越大西洋的兩位機師John Alcock和Arthur Brown，在他們成功的飛行航程中，所信賴的便是加巴甸。而在20世紀初，最早為保護英國軍隊對抗不同天氣所特別選用的，亦是能抵禦風吹雨打的Burberry加巴甸風衣。1914年，第一次世界大戰爆發，Burberry的風衣迅速被指定為高級原料軍裝，設計上亦加上D型腰間環扣，以方便攜帶各種重要軍備如手榴彈、補給彈藥與軍刀等，這款功能設計，後來被稱為Burberry軍衣。

據統計，在1914年至1918年間，軍人所穿的Burberry便有50多萬件，戰後這些軍衣被帶回家鄉與城市去，正好向城市人展示什麼是世界最著名、最耐用、功能設計最強的Burberry風衣。

而在往後的日子裡，Burberry風衣亦為自己證明了，無論是從南、北極到赤道，它都是旅行家最信賴的選擇，也是超越潮流的經典設計。探險家Amundsen成功登陸南極後，甚至留下一個Burberry加巴甸的帳幕作記號，以通知探險家R.F. Scott

船長他已成功登陸。

Burberry在皇室與貴族圈中更是表現出色，它不僅擁有22個歐洲皇室、14個亞洲顯貴及319個英國皇族爲顧客。Burberry更榮獲了英女皇伊莉莎白二世和威爾斯王子所頒發的獎狀證書。如此正統與優質的聲譽，令Burberry的名字被收錄於英國牛津字典中，簡稱高級風衣爲Burberrys。許多政治人物都是Burberry的忠實顧客，包括前英國首相邱吉爾、前美國總統雷根與喬治布希。

■■ 風衣（Trench Coat）是Burberry最經典也最暢銷的單品。

## 巨星的最愛

　　50與60年代，不少中外馳名的電影主角，均穿上Burberry的風衣，以顯示獨特的個性與風采。其中最令人難以忘懷的就是《北非諜影》中的亨利鮑嘉與英格麗褒曼、《第凡內早餐》的柯德里夏萍與《狄克崔西》中的華倫比提。其他如凱薩琳赫本、奧黛麗赫本、茱莉安德魯、麥克道格拉斯與梅莉史翠普等，都在電影中穿著Burberry的風衣。

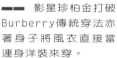

■■■ 影星珍柏金打破Burberry傳統穿法赤著身子將風衣直接當連身洋裝來穿。

■ 奧黛莉赫本於1961年電影《珠光寶氣》一片中的Burberry風衣穿法。

　　他們以巨星的風采演譯Burberry的經典設計，讓人留下不可磨滅的深刻印象。而被認為是最愛漂亮的女星珍柏金，她同時以著名的愛馬仕柏金包聞名於世，在穿著Burberry時，更選擇了一個打破傳統的穿法：赤著身子將風衣直接當連身洋裝來穿，塑造出截然不同的浪漫風情。

■　凱薩琳赫本於1933年電影《人升高度計》一片中飾演女機師，穿著Burberry風衣的模樣。

## 【流行線上篇】

### 英式的生活時尚

　　很少有品牌是像Burberry般擁有如此鮮明的品牌識別——Trench Coat風衣與格子紋，承襲了英式傳統，更表現出強烈的英式生活風格。

　　Burberry的品牌精神是稟承創辦人努力研創、嶄新發明的精神，既保留雋永經典的精髓，同時還不斷變革，為新的系列增添新的流行時尚元素。而最新的Burberry Prorsum，更是將Thomas Burberry的原始概念現代化，剪裁更貼身，設計也更性感，皮革的應用更圓熟，新的格子紋設計，更成為最時尚的表徵。

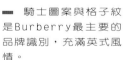
■　騎士圖案與格子紋是Burberry最主要的品牌識別，充滿英式風情。

## 【流行線上篇】

### 新潮流新主張

在沉寂多年後，Burberry最大的挑戰是賦予品牌新生命，卻不剝奪品牌的經典精神。

1999年，Burberry首度登上倫敦時尚週的服裝秀舞台，設計群們將Burberry最著名的代表服飾——風衣與格紋，做符合時尚潮流的修飾，如將風衣做更合身剪裁、將傳統格子應用在裙子上等，展現出融合經典與流行，卻又內斂不誇張的設計。果然一推出，就獲得英國年度經典設計大賞，並被譽為是未來的Gucci。而2000與2001年，更連續兩年獲得英國時尚協會評選為最佳當代與經典設計系列。

Burberry的重生，同時表現在全球主要城市，開設新概念的旗艦店。2000年，Burberry全球旗艦店於倫敦的New Bond Street開幕，寬敞的空間、沉穩中帶有時尚感的設計與氣氛，反映了Burberry的全新品牌精神。

之後，Burberry更陸續在洛杉磯比佛利山、紐約SOHO設立大型旗艦店，進一步宣示Burberry是「英式高級時尚品牌」的代名詞。Burberry台北旗艦店，也在2001年於微風廣場開幕，吸引了不少Burberry迷前往。

## 名牌購物通

Burberry旗下產品包括了風衣、男女裝、皮件、配飾、香水與化妝品等。目前在台灣Burberry旗艦店內所販賣的商品，都是向英國總公司取得代理權的Burberry設計師系列款。

但一般百貨公司櫃點所販賣的Burberry則又分為倫敦製與香港製，兩者有明顯差價。例如香港製的Burberry襯衫一件大約2700元，線衫約3000多元，可視為是高貴Burberry的入門款；但倫敦製的襯衫要價高達5800元以上，線衫則需上萬元。

兩者差別除質料、產地，另外在細部做工上也有些微不同，但整體風格設計則相當統一，消費者必須從吊牌分辨。

此外，日本系統的Burberry又分藍標與黑標兩體系，商品售價則較設計師系列便宜，線衫一件約在6、7千元，提包約在5、6千元起跳，與香港製的價格差不多，可由產品標籤上的「Blue」或「Black」Burberry分辨。

其中人氣最旺的是格紋帆布提包，前一陣子在日本與台灣掀起風潮，現在台北街頭隨處可見仿冒品，當然質感與正品有著相當大的差異。

**名牌**

Burberry皮夾等皮件內裡會有Burberry字樣直接印在皮革上,若是眞品會打印得十分清晰,仿冒品則會淺淺的模糊不清。從逢線間距是否一致工整,也可分辨眞僞。

━ ▌除了風衣、男女服飾外,還有皮件、
配飾等精品,設計新穎且實用。

## 【入門必購的附件單品】

Burberry有許多周邊商品價格都很便宜，例如手帕、毛巾、香水等，只要一千多元就可以買到，以如此平民的價格就能享受到名牌的質感，提升生活品味，算是蠻值得的投資。

**1000元**

在時尚配件方面，免稅店可以購買到各種顏色的招牌格子襯衫，價格只要三、四千元；實用又好搭配的格子羊毛圍巾也能夠以五、六千元購得；而日本製藍標的格紋水餃包也不過四、五千元，都是品牌識別明顯、實用價值高的入門單品。

**3000元～6000元**

## 【穿出品味與風格】

以風衣聞名的Burberry，當然以經典風衣最值得收藏。

不論是傳統的米白色格子襯裡的雙排扣長風衣，還是後來陸續發展出較短的單排扣改良式風衣，與任何服裝都可搭配，男士的西裝，女士的套裝，甚至休閒的打扮，都不會顯得突兀。雖然價格不斐，卻是可以穿上一輩子的單品，不但防風防雨，又兼具品味與實用性，算算投資報酬率可是很值得選購的。

在配飾方面，最值得購買的莫過於Burberry的格紋圍巾。除了明顯的品牌識別外，貨真價實的羊毛質地，不論是在裝飾性與保暖性上，實用性都相當高。

現在Burberry格紋圍巾除了傳統的駝色之外，更有黑白、粉藍、粉紅、灰色等充滿時尚感的選擇，以及時髦的流蘇設計，在搭配上更是充滿了變化。

即便是身上沒有穿戴其他名牌，只要圍上一條Burberry格紋圍巾，立刻顯得品味十足。日本女高中生最愛以制服搭配此款圍巾，好為整體造型加分。

## 【品牌風華記事】

● 1900年，第一件Burbberry's garbadine加巴甸風衣問世。1901年，為軍隊設計的Trench Coat成為現在Burberry風衣的原型。

● 1924年，Burberry的品牌象徵——格子紋圖案，開始出現在襯裡上，並登記為註冊商標。

● 1926年後，Burberry一直由設計群擔任設計的工作，沒有流行的新產品，更缺乏明星級的設計師。直到1998年Roberto Menichetti加入Burberry成為設計總監，並於1999年推出Burberry Prorsum系列，首度登上倫敦時裝週，Burberry才又重新獲得時尚界的注意。

● 2001年曾任職於Gucci與Donna Karan的Christopher Baily，繼任為Burberry Prorsum的設計總監，2002年所推出的秋冬大秀，獲得時尚界一致的肯定，Burberry Prorsum相信會繼續在21世紀獨領風騷。

# CHANEL

## 香奈兒

開啓女性主義流行時尚傳奇

滾 邊外套、皮革穿金鍊菱格紋手提包、雙色鞋與山茶花，相信沒有人不知道這些是Chanel的經典設計。

也許你認為Chanel只是純然的優雅與高貴，但其實 Chanel 創造的不只是服裝，它拋棄了緊身束腰、鯨骨裙籬與長髮，使用肩背式皮包與舒適針織衫，解放了女性的桎梏，更開啟了女性主義的風潮。

Coco Chanel創造的是風格、姿態、生活方式與時尚界永遠的傳奇。

## 【經典歷史篇】

### 永恆的山茶花愛戀風采

Chanel創始人於1883年8月19日出生於法國中部，原名Gabrielle Chanel。小時候像孤兒般在修道院長大，這樣的環境促使她渴望擺脫卑微的出身和悲慘的境遇。

17、8歲時，她開始在一家裁縫店工作，旋即在小酒館裡展開歌唱生涯，以一首「誰看見Coco」大受歡迎，因而得到了Coco Chanel的名號。就在此時，她遇上了第一任情人——上流社會的軍官Etienne Balsan，Coco Chanel開始為他的女性朋友們設計帽子，受到熱烈的迴響，設計師生涯從此展開。

1908年，她認識了英國花花公子Arthur Capel，在他的支持下，於巴黎的宮鵬街開店。Chanel年輕簡約的風格大受歡迎，因而在法國上流社會的度假聖地——諾曼地海邊Deauville開了第一家分店。隨著一次大戰爆發，女性開始工作，並對行動方便的服裝產生需求，Chanel實用又舒適的剪裁，正符合時代的潮流，使她迅速成為巴黎時尚界的名人。

　　Chanel從每一段戀愛中，尋求創作的靈感。如20年代初期與俄羅斯大公交往期間，店裡開始出現俄羅斯風味的服飾——華麗的皇室刺繡與高級珠寶，Chanel No.5香水也是在此時誕生的，而山茶花更因這段戀情而成為Chanel永恆的品牌象徵。

　　1924年與英國西敏公爵戀愛時，她從蘇格蘭斜紋軟呢中找到靈感，並迷上了金屬裝飾物，從而發展出金屬鏈皮包、腰鏈等飾物。此時她打破傳統，推出簡單的黑色洋裝，並開始以真假珠寶

▌ 充滿傳奇色彩的 Coco Chanel，拋棄馬甲、束腰與蓬裙，以前衛的女性主義思想與細膩的創意，創造了所有女性所憧憬的風格、姿態與生活方式。

金屬腰鍊是Chanel重要配飾之一，從傳統的超細金屬鍊帶、發展到今日混合Logo與山茶花的設計，一樣表現出女性優雅華麗的風情。

混帶的方式，開創了一股新的風格。

30年代，Chanel進軍美國，優雅的設計在紐約各大百貨公司掀起熱潮，甚至出現仿冒品猖獗的情況。二次大戰期間，Chanel因與納粹間諜交往而淡出時尚圈，直到1950年70歲時，才重返巴黎，重新喚醒大家對她的記憶與熱情。

1971年，88歲高齡的Chanel在她常年下榻的麗池酒店與世長辭，但她的精神不死。Chanel套裝、雙C Logo與美麗的山茶花，已成為永恆的經典。Chanel突破傳統、追求自由、帶領風潮與追求真愛的熱情，更永遠成為時尚界的一頁傳奇。

## 【經典歷史篇】

### 首席設計師的獨創技巧

Chanel去世之後由設計師Bethelot、Esparza、Atorio等人繼續經營。1983年，Karl Lagerfeld成為Chanel首席設計師，他將Chanel女士的服裝精神發揮到極致，讓Chanel服裝再次復活。

1938年出生於德國漢堡的Karl Lagerfeld（拉格斐），14歲時全家移民巴黎。1955年初試啼聲，在國際羊毛局組織舉辦的

業餘服裝設計大賽中脫穎而出，並成為巴黎時裝大師 Pierre Balmain 的設計助手。1958年加入Jean Patou 時裝公司，開始設計服裝、織品和配件等，同時進行皮革時裝化的設計。

終於，他的才華獲得 FENDI 所賞識，而成為FENDI的首席設計師與改革者。憑著紮實的造工、獨創的剪裁技巧，Lagerfeld逐漸奠定在巴黎時尚界的地位。1974年至1997年執掌Chole，替其確立了浪漫風格。

1983 年起，受邀成為CHANEL的首席設計師；1984 年創立自己的服裝品牌，至今仍是時尚界呼風喚雨的人物。

在接掌香奈兒之初，Lagerfeld不但要面對程序，並超越Chanel夫人經典設計的壓力，更面臨Armani與Versaus等新興品牌的威脅。所以不但要為香奈兒重建品牌新形象，亦身負拉高日見低落業績的使命。

不過，這些都難不倒這位天才級的大師，他大幅改良香奈兒服飾的原創剪裁，使其順應時代潮流，同時卻承繼Chanel的叛逆精神，攫取Chanel 經典的元素，把每一季的作品轉成流行時尚的指標。他沒有不變的造型線和偏愛的色彩，但從他的設計中，自始至終都能領會到Chanel的純正風範。

▌時尚教父Karl Lagerfeld，重新樹立Chanel在時尚界的天后地位，並於1984年創立自己的品牌 Karl Lagerfeld，是時尚圈呼風喚雨的人物。

## 【經典歷史篇】

### 你所不知道的製作故事

每件造價動輒7、8萬元的Chanel經典外套,究竟有什麼魔力能夠吸引如此多的女性?現在讓我們告訴你其中的小秘密。

首先,Chanel外套通常採用斜紋軟呢,有時飾以滾邊,要使柔軟的呢布歷久不變形,滾邊的比例需經詳細計算,對縫功更是一大考驗。

每一季Chanel套裝的釦子都有當季的特色,同時在製作釦子的樹脂原料中加入牛奶,使鈕扣顏色與布料完全吻合且不易掉色。所有的款式均以Chanel Logo標誌緹花襯裡,一件完美外套的內外裁片可能高達50片。為確保下擺平整,有金屬鍊子固定在外套下緣,且顏色會與釦子上的金屬配合,這是Chanel獨一無二的技術。

此外,每一件外套的打版都非常的準確,每片裁片均預留供修改的縫份,有些質輕的斜紋織物外套,更是每隔幾公分就用針目縫合(Chanel知名的覆蓋縫),以維持形狀確保舒適。

外套上所有的口袋都是真的口袋,這是Chanel女士為了給女性空出雙手、行動自由所堅持的設計。當然每一件外套都有

雙C Logo的標示，代表著最高的品質，也是對售後服務的承諾。

而Chanel另一經典——黑色鞋尖與米色的雙色鞋，亦堅持由技藝精湛的師傅以手工製鞋，且每隻鞋只用一隻迷你羔羊的皮製作，以獲得最細緻的鞋面皮質，如此看來，每雙一萬多到兩萬台幣的價錢，似乎也不算貴。

其雙色鞋的靈感來自男士所穿的雙色鞋套，不但可以使腿部看起來更修長，也能起保護的作用。雙色鞋有3種基本款：後空高跟鞋、包頭淑女鞋以及芭蕾伶娜鞋。

宛如藝術品的Chanel高級訂製服（Haute Couture），其手工與價錢更是令人咋舌。以製造過程複雜的香奈兒長裙裝為例，若加上手工刺繡，共要花230小時左右。Chanel高級訂製服通常依布料品質、手工繁簡、服飾製造的不同，需要120至300小時製造，售價則依其複雜程度，自60萬法郎（約360萬台幣）至100法郎（600萬新台幣）不等。

■ Chanel的皮鞋堅持每雙只採用一隻迷你羔羊皮製作，質感細膩。而雙色鞋的概念從傳統黑色鞋尖與米色的搭配，發展至今日各種形式與顏色的組合，仍引領每一季的風潮。

**名牌**

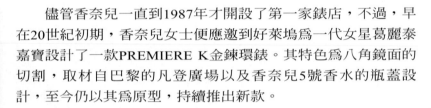

## 巨星的最愛

▌瑪麗蓮夢露的一句：「我睡覺時只穿Chanel No.5」，使得這瓶香水成為世界上最暢銷的經典。

　　儘管香奈兒一直到1987年才開設了第一家錶店，不過，早在20世紀初期，香奈兒女士便應邀到好萊塢為一代女星葛麗泰嘉寶設計了一款PREMIERE K金鍊環錶。其特色為八角鏡面的切割，取材自巴黎的凡登廣場以及香奈兒5號香水的瓶蓋設計，至今仍以其為原型，持續推出新款。

　　香奈兒經典套裝的優雅風範，更吸引了英國黛安娜王妃、賈桂琳甘迺迪與摩洛哥卡洛琳公主等氣質出眾的名媛，經常在公開場合看到她們身著香奈兒服飾亮相。其他如伊莉沙白泰勒、英格麗褒曼也經常訂製Chanel 簡約卻高雅的服裝，與自身高貴的氣質相得益彰。

　　近期則有Coco李玟，她獲選Chanel亞洲名人大使，在2000年奧斯卡頒獎典禮中便以一襲Chanel紅色旗袍上台演唱《臥虎藏龍》主題曲。

　　不過，這當中最出名的莫過於瑪麗蓮夢露。她在1954年接受媒體訪問時，被記者問到穿什麼睡覺時，她的回答成為引人入勝的性感經典：「我除了穿幾滴Chanel No. 5之外，什麼都不穿。」Chanel No. 5也成為全世界最暢銷的一瓶香水。

## 叛逆與低調的自由時尚

　　75年前Chanel首創「男裝女裝混穿」與「低調的奢華」，一直到今天還能看到她對時尚界的影響。她把原本是男人專利的款式、質料和服裝細節轉移到女裝，更把休閒服轉化成時尚。從她創作的演進，可以看到融合「實際需求」與「叛逆精神」的完美作品。在Chanel套裝簡單的外形下，精細的做工無可挑剔，對面料的選擇、處理嚴謹，穿著多年都不會走型。

　　現任設計師Karl Lagerfeld熟練而精準的抓住香奈兒追求自由的精神，並依社會脈動而調整，不可思議地把兩種對立的感覺統一在設計中，既奔放又端莊，既有法國人的浪漫、詼諧，又有德國式的嚴謹、精緻。他擷取Chanel過去的經典創造精神，用漸進式的演化，藉由不同的主題、狀態與靈感，從色彩、材質、輪廓、線條領域著手，呈現實際、低調卻奢華的香奈兒感覺，為香奈兒注入一股與時俱進的現代感。

▌Chanel首創真假珠寶混戴的搭配。可回溯於1932年的高級珠寶－彗星項鍊，於2002年重新推出，以18K白金鑲嵌3590顆鑽石，耀眼動人，其造型簡單，象徵自由的精神和香奈兒女士如初一轍。

## 新潮流新主張

　　在日本有一個有趣的說法：日本女性與香奈兒相遇的過

▌2003年所推出的早春系列「咖啡館侍應生」，展現出濃濃的巴黎生活風情，強調單品互相搭配的變化與創意。

程，通常是18歲購買第一支香奈兒口紅；20歲擁有香奈兒雙C相扣Logo的耳環；30歲時背著香奈兒的皮革鑲金鍊包包；35歲生日時，則穿上第一套香奈兒的經典套裝。如此看來，Chanel似乎是成熟女性的品牌，但近年Chanel積極地要將形象年輕化，甚至推出運動系列與J12運動錶以吸引新一代顧客。

而在經典的套裝上，設計師Largerfeld也不斷推陳出新，2003年早春系列以「咖啡館侍應生」為靈感，創造出一系列以黑白搭配的短夾克與背心，搭配有如圍裙般的牛仔布或喬琪紗裙，加上如托盤般的手拿包或腰包，每一件單品都可各自與其他服裝自由搭配，充滿多變的風情。秋冬系列則更出現了較為小巧的Chanel Suite，以及搭配A-Line迷你裙的裙式套裝，經典的軟呢夾克不斷演譯出新的風情。

## identification

### 【流行線上篇】

## 名牌購物通

Chanel的產品包括了服裝、配件、香水、皮件、鞋子、手錶、高級珠寶、彩妝與保養品。雖然菱格紋、雙C logo、金屬鏈與山茶花等品牌辨識符號大家都非常熟悉，但還是有些小細節值得注意。

菱格紋自1955年出現在Chanel的皮件上後，就一直是品牌

的象徵。其出現的型態包括了霧面菱格紋、顯眼車線菱格紋、珠寶與手錶上的Matelassee系列，以及近年來改良爲正方形的巧克力格紋。而雙C交疊的Logo，則經常運用在鈕子與皮件扣環上，衣服的襯裡也會出現，多爲金銀兩色。金屬鏈帶則出現在皮包的提帶上，有金銀兩種顏色且中間有皮帶穿過，後來更發展出少了皮革細帶的扁平鏈帶與超細金屬鏈帶，後者多用於腰帶等飾品。

著名的山茶花，最初爲紗緞材質，出現在Chanel夫人的黑色小洋裝搭配上，後來陸續發展出斜紋呢與皮革材質，其他更有運用於珠寶的Symboles，以及出現在飾品級布料上的平面山茶花圖形。Chanel的羊皮製品皮色較爲暗啞，若是仿冒品則反光度較大；牛皮製品則採荔枝皮處理，有明顯的凹凸感，質地很挺，仿冒品則表面較爲平滑，皮質彈性較差。在Logo的鍍金上，仿冒品鍍金較薄，容易刮傷或褪色。此外，眞品的內裡有以電腦打印編號的小貼紙，號碼與外盒相同，不易撕掉。

▌交叉雙C Logo是Chanel最重要的品牌識別，經常出現在皮包與飾品配件上。

▌Chanel的山茶花在近幾年又再度於時尚圈掀起流行風潮，除了各種材質的立體胸針造型外，更以平面形式出現在各種配件上。

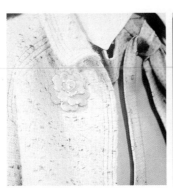

shopping

# 【入門必購的附件單品】

一般而言，Chanel的服飾都相當昂貴，想要享受這個品牌優雅情調的人，不妨從香水、化妝品開始，尤其是No. 5香水，更是品牌精神象徵。所有

**800元～3000元**

彩妝與保養品系列售價約比一般品牌貴一成左右，價格約從八、九百元的唇膏到二、三千元的保養品不等。

與Chanel的第一次接觸，最好的選擇莫過於山茶花配飾，尤其是非寶石類的耳環，精緻優雅、非常的香奈兒，價格也不太嚇人，從五、六千元到近萬元都有。而另一個絕對值得投資的就是太陽眼

**5000元～9000元**

鏡，Chanel的太陽眼鏡造型有獨特的風格，有高雅的情調，也非常好辨認，新款約八、九千元左右。

Coordination

## 【穿出品昧與風格】

「穿上香奈兒套裝，腰間掛上雙麻花狀金腰鏈，配上俏麗的鐘形帽和雙色鞋，肩上再背一個菱形紋皮包，手腕佩帶同款手錶，耳後噴上香奈兒5號香水，這就是最標準的香奈兒裝扮，永不退流行。」

上述的Chanel Look絕對夠優雅、夠品味，但畢竟香奈兒的價位是名牌中的名牌，若要全身行頭購足，所費不貲。

因此，建議你可以先從經典單品或易於搭配的飾物開始購買，反而會顯得更活潑又有變化。如一般的洋裝或套裝搭配Chanel的菱格紋皮包，會顯得十分貴氣；而Chanel的經典外套，不論搭配洋裝、窄裙或寬裙，還是長褲，都會使質感升級。

Chanel的飾品，如耳環、戒指與項鍊等，價格均在數千元至一萬元以內，且頗具品牌特色，是入門的不錯選擇。

**名牌**

## 【品牌風華記事】

● 1910年開始，Chanel推出第一款的女性運動褲裝，拋棄馬甲、束腰和蓬裙，走向身體自由的舒適穿著，顛覆了當時被視為理所當然的女性穿著方式。

● 1924年在沙皇的香水師協助下，經典的Chanel No.5就此誕生，這是有史以來第一瓶以設計師為名的香水。其瓶蓋模仿鑽石般26個立體切面，經典的設計，成為紐約現代藝術博物館的典藏。

● 20、30年代女性的皮包，以手提款式為主流，只有軍人背包才會掛在肩上。因此Chanel以此為靈感，於1929年推出單肩背式皮包，頓時解放女性雙手，這個創意，整整領導女性皮包時尚達半世紀。

● 1932年經濟大蕭條期間，Chanel逆勢推出高級珠寶彗星項鍊與山茶花胸針，至今仍為品牌象徵。2002年，更重新演繹18K白金鑲嵌著3590顆鑽石的彗星項鍊，以作為Chanel珠寶首展的70年禮讚。

● 1954年，71歲的Chanel設計出代表法國品味的米色鑲黑邊「香奈兒經典套裝」。前開對襟的斜紋軟呢短外套，配上同一塊布料的及膝裙，絲質內裡與下擺加重的精緻做工，堪稱完

美之作。

● 1955年2月推出金屬鏈雙C Logo菱格紋經典香奈兒包，因其
上市日期被暱稱爲「2.'55」。

● 1971年1月10日，Chanel去世。現任設計師Karl Lagerfeld於
1983年繼任，帶領這個經典老牌不斷創新成長。

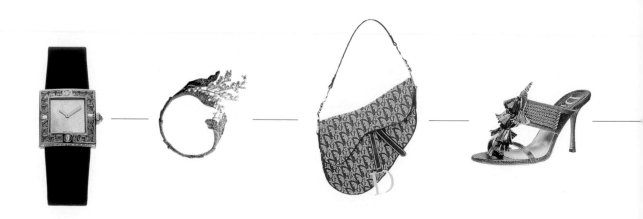

# Christian Dior

克麗絲汀迪奧

從法式宮廷到街頭民族風的傳奇

展現女性柔美性感爲風格的Christian Dior，典雅高貴的路線，代表法國正統的時尚精神。但在現任設計師John Galliano驚世駭俗地徹底顛覆其形象，改走街頭前衛風之後，已然成爲媒體的焦點、時尚界的新寵。

2000年推出的馬鞍包，旋即成爲最In的時尚單品，加上日劇「名牌愛情」的推波助瀾，迷你馬鞍包更是立刻銷售一空。

而全新的Street Chic與Chic Corset，只要任意搭配立刻成爲最時髦的打扮，吸引眾人的目光。

■ Christian Dior位於蒙田大道的總店

## history

## 【經典歷史篇】

### 嫵媚動人的「New Look」風采

Christian Dior出生於法國諾曼地一個中產階級富裕家庭，其雙親原本希望栽培他成爲外交家，但他對於修習政治學並沒有興趣，反而熱中於繪畫與藝術。爲了前途發展，Dior與父親

發生了多次激烈衝突，但他還是堅持所愛，在巴黎開了家小畫廊，認識了許多藝術界朋友，包括畢卡索與馬蒂斯。

然而好景不常，父親投資房地產失敗，家產賠光，連畫廊也沒了。之後Dior流離失所，甚至遠走蘇俄、西班牙，也為一些時尚屋畫設計圖打零工。因此時期的辛苦生活，造成他往後健康不佳，以至於不到六十歲就去世。

曾為多家時尚公司設計過服裝的Christian Dior，其過人的天份終於在1946年被紡織業鉅子－Marcel Boussac賞識，資助他在蒙田大道創立了現在Christian Dior總店。

1947年Christian Dior以42歲的年紀，推出了個人生平第一場服裝秀。這個被稱為「The New Look」的系列，揚棄大戰時女性簡陋、貧乏的裝扮，著重在女性曲線展露無遺的束腰蓬裙，以及削肩、豐胸的設計，重拾女性的柔美與性感。華美的設計風格與當時戰後貧窮陰暗的法國形成強烈的對比，讓所有的法國人風靡不已，並在全球時尚界掀起了重大革命。

「Total Look」完整造型的概念也是出自於Christian Dior。他不僅希望讓女人看起來美麗，更希望她們感到快樂，因此在他旗下有專門為女性訂製鞋子的部門。他認為香水能創造無限的想像空間，因此在「New Look」推出時，也推出了搭配的第一款香水「Miss Dior」；而為了滿足女性全方位的需要，更於1955年推出Christian Dior第一支脣膏，讓一切的時尚細節都能

與服裝完美的搭配。

到了1950年代，Dior已成為最重要的服裝設計師，他的設計主導了全世界的流行，而全新的H-Line、Y-Line、A-Line等設計理念，至今仍深深影響著全世界的服裝設計師。Christian Dior也是時尚界發展品牌授權的先趨者，在當時他就以授權的方式拓展毛皮、襪子、領帶、香水以及服裝等產品線，使得Chritian Dior迅速在全球站穩腳步。

同時Christian Dior也栽培出時尚界另外一個舉足輕重的巨星－－Yves Saint Laurent。Saint Laurent於1953年開始擔任Christian Dior的助理，傑出的設計天份使他受到重用，也因此

█ ━ Christian Dior於42歲推出生平第一場服裝秀「New Look」，掀起了全球時尚界的新革命。

Christian Dior於1957年突然心臟病發與世長辭時，他立刻被任命為創意總監。

1960年由於Saint Laurent被徵召入伍，由Marc Bohan接任，此時Christian Dior已擁有許多忠實的名流擁護者。

1989年，繼任的義大利設計師Gianfranco Ferre，更以細膩、古典、高雅與充滿女性魅力的剪裁將Chritian Dior推向另一個高峰。

現任的英國鬼才設計師John Galliano，則爲品牌注入摩登的流行感，以及異國民族風情調，不斷地製造驚奇與話題，將Christian Dior的氣勢推製顚峰，成爲現今時尚界最受歡迎的品牌之一。

■ ▌ Christian Dior的設計以束腰蓬裙以及削肩豐胸，強調女性曲線的柔美與性感，也就是著名的「New Look」。

【經典歷史篇】

### 首席設計師的獨創技巧

於1997年成爲Christian Dior首席設計師的John Galliano，1960年出生於直布羅陀，父親是英國人、母親是西班牙人，從小受到西班牙天主教的薰陶，培養出他日後對於巴洛克風格的喜好。

1982年以第一名的成績畢業於倫敦聖馬丁藝術學院，他的畢業服裝展以法國大革命爲靈感，獲得時尚媒體與買家的一致

讚賞，倫敦領導流行的服裝店 Brown's 也開始販售他的作品，John Galliano的時尚生涯從此展開。

1986年，John Galliano獲得了「British Designer of the Year 英國年度最佳設計師」的殊榮，豐富的想像力，加上如詩句般細膩的剪裁，成為他獨特的風格。

1990年，他首度登上巴黎時裝週，再次獲得如潮佳評，於是逐漸將重心轉移至法國，並於1993年正式定居於巴黎。

1994年，連續兩度獲得「British Designer of the Year英國年度最佳設計師」提名，耀眼的成績，讓他獲得LVMH集團的青睞，成為Givenchy高級訂製服與高級成衣的設計師。之後他繼續推出自我品牌的設計作品。源源不絕的創意與佳作，使他三度獲得「British Designer of the Year英國年度最佳設計師」大賞，並同時得到西班牙的設計大賞「Telva Award」。

1996年10月14日，John Galliano被任命為Christian Dior高級訂製服與高級成衣的設計師，開始在蒙田大道的設計總部工作，他首度為Christian Dior所設計的97/98秋冬系列就在紐約獲得了「International Fashion Group Prize（國際時尚集團大賞）」。1998年地位顯赫的「Council of Fashion of America（美國時尚協會）」更將年度最佳設計師的桂冠頒給了John Galliano。

擷取Dior經典設計，並融合當代元素與民族風，John

Galliona極度女性化的作品，宛如施了魔法般席捲世界，他開始成為媒體的寵兒，如同搖滾巨星一般，象徵著這個時代的品味與流行。2000年春夏作品是John Galliano在Christian Dior的重要里程碑，因為他不再從歷史的光環中尋找靈感，改以當代的流行與走向為題材，美國歌手Lauryn Hill性感的搖滾形象成為他的藍本，創造出一系列回歸牛仔的設計，以及轟動全世界的Logo馬鞍包。John Galliano也於此時被擢升為女裝藝術總監，除了服裝配件的設計外，更要負責廣告形象與櫥窗陳列。

　　John Galliano大膽的設計、新穎的服裝秀、強烈的廣告視覺，大幅提升了品牌知名度，更使得全球業績瘋狂攀升，吸引了更多年輕的顧客，Dior震撼人心的當代摩登形象自此確立。

■ John Galliano接掌之後的Christian Dior，風格由典雅華麗丕變為街頭龐克，為品牌注入摩登的流行感。

名牌

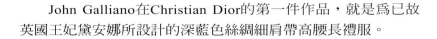

【經典歷史篇】

## 你所不知道的黛妃包故事

■ Christian Dior的
Lady Dior系列，以優雅
的菱格紋與D．I．O．R．四
個字母墜飾為特色，因受
黛安娜王妃的喜愛而被暱
稱為黛妃包。

　　John Galliano在Christian Dior的第一件作品，就是爲已故
英國王妃黛安娜所設計的深藍色絲綢細肩帶高腰長禮服。

　　黛安娜身著這件禮服出席了紐約大都會博物館所舉行的
Dior Fashion House50週年紀念慈善晚會，同時還搭配了深藍色
菱格車紋緞質Lady Dior黛妃包，典雅的氣質與完美的搭配，成
爲媒體所注目的焦點。極富傳奇色彩的Lady Dior黛妃包，是
Christian Dior的經典單品之一，與英國皇室有極深的淵源。

　　早在1950年英國瑪格麗特公主造訪巴黎Dior總店時，就對
Lady Dior系列包包愛不釋手。沒想到數十年後，Lady Dior系列
典雅的氣質又再次讓黛安娜王妃傾心不已，曾一口氣買下數十
個不同材質與尺寸的日用或晚宴包，從此Lady Dior黛妃包的暱
稱不逕而走。

　　Lady Dior以其菱格紋車線爲主要特色，近來亦有光面立體
壓紋的新品，材質多樣，包括鱷魚皮、駝鳥皮、牛皮、羊皮、
麂皮、緞面、絲絨與丹寧布，襯托不同材質提把各有特色。而
以D、I、O、R四個字母串飾於袋緣，行走時隨著腳步發出清
脆悅耳的聲響，增添輕快愉悅的氣氛。

## 巨星的最愛

Christian Dior在Yves Saint Laurent與Marc Bohan執掌時期，就有許多好萊塢巨星爲其忠實支持者，包括伊莉莎白泰勒與葛麗絲凱莉等。

1997年John Galliano首度爲Christian Dior推出感性華麗的新Dior形象服裝時，瑪丹娜與妮可基嫚就選擇了Christian Dior的晚裝出席奧斯卡頒獎典禮。

Christian Dior時尚的設計一直受巨星青睞。

1999年，所推出極度女性化的設計，更征服了席琳迪翁的心，讓Christian Dior的禮服再度出現在奧斯卡盛會；同年推出的City Dior都會包，更因葛妮絲派特洛經常挽著它出席各大場合，而成爲當年最發燒的單品。其他如麗芙泰勒、凱特布蘭琪也都是Christian Dior的忠實擁護者。

名牌

▌Christian Dior
40-50年代的設計以
自然肩形與纖細腰
身為重點，並在裙
長、領口與袖口作
變化，圖為其設計
手稿。

▌Christian Dior
的H-Line、Y-Line
與A-Line等設計理
念，至今仍影響全
世界的服裝設計
師。與艾菲爾鐵塔
輪廓類似的A-
Line，是50年代最
風靡的款式。

Style

## 【流行線上篇】

### 唯美典雅的女性尊貴風采

極盡所能展現法式宮廷的奢華與尊貴，強調女人纖柔玲瓏身段、束腰、蕾絲、豐臀、蓬裙、以及削肩設計，成為Dior表現唯美的方式，這也是影響時裝工業甚鉅的「The New Look」。

Christian Dior設計的天份就如同他對藝術的熱愛，雖然從未受過正式的服裝設計訓練，然而對於比例卻有著精緻高超的掌握技巧。因為熱愛建築，對於服裝產生了融合性極強的另類美學觀點，揚棄保守女性貧乏無趣的打扮，著重女人的高貴與華麗。

Christian Dior設計的重點是他對服裝造型線的把握，無論是「New Look」還是「A Line」，講究的都是整体外輪廓線。典雅的女性美是他始終保持的風格，這種風格一直影響著他的繼承者和追隨者，從Yves Saint Laurent、Marc Bohan、Gianfranco Ferre到John Galliano等繼任設計師，都依循遵從這個原則，以敏銳而天縱的才華，讓這個品牌一直處於不墜的地位。

## 新潮流新主張

除了John Galliano繼續以街頭風、民族風、以及Logo遊戲，不斷創造出令人驚喜的設計之外，Christian Dior近年亦積極發展高級珠寶領域。

1998年LVMH集團總裁Bernard Arnault，延攬曾在Chanel珠寶工作14年之久的Victoire de Castellance為Dior高級珠寶首席設計師，希望藉由她靈活的創意、充沛的活力以及特立獨行的風格，帶領Dior成功打入高級珠寶市場。

Dior首家高級珠寶精品店，於1999年在巴黎蒙田大道正式開幕，2000年紐約專賣店也相繼成立，2001年更連續在巴黎凡登廣場與洛杉磯設立專賣店。

亞洲的第一間Dior高級珠寶專賣店也於2002年9月在麗晶精品開幕，不妨去體驗一下Victoire如何將Christian Dior最愛的緞帶、軟羽、蝴蝶結、鈴蘭、甚至是花園等主題，以高級珠寶做出另一種呈現和詮釋。

Dior進軍高級珠寶市場，希望以極致的品質與豐沛的創意，打破高級珠寶尊貴卻不易親近的刻板印象。鈴蘭是Christian Dior相當喜愛的主題，這個以白K金與12.81克拉鑽石，搭配粉紅軟緞的頸飾，售價是新台幣3百多萬元。

名牌

【流行線上篇】

## 名牌購物通

　　Christian Dior是少數在高級訂製服與高級成衣都相當活躍的品牌，除了男女服裝之外，還有皮件、鞋子、高級珠寶、配飾、太陽眼鏡、香水與保養品等系列，近期的設計風格帶有強烈的街頭與民族風，相當容易辨識。

▌ Christian Dior經常使用D.I.O.R字母組合作為配是的設計圖案。

━━ 由D.I.O.R四個字母組成的緹花Logo，是Christian Dior主要的品牌識別。

Christian Dior最具代表性的品牌識別就是D.I.O.R.緹花Logo，於1951年率先使用於胸針上，並於70－80年代開始使用於皮件上，相當受到歡迎。從2000年開始，John Galliano又開始大量使用D.I.O.R.緹花Logo，現在甚至在服飾與圍巾上都可以發現，而2002年所推出的Dior Logo系列，更是將這股Logo熱發揮到極致。

至於最受歡迎的馬鞍包，除了特殊的馬鞍型剪裁外，並於袋身巧妙飾以「CD」縮寫字母，看來宛如一支配了馬蹬的馬鞍。其材質上除了印有Dior Logo的牛仔布料，還有素色牛仔與皮質等各種選擇，更有單馬鞍（單一Logo）與雙馬鞍（雙Logo）之分。

不過，新推出的迷你馬鞍包及典藏馬鞍化妝包則沒有附Logo馬鞍。

▌2000年推出的馬鞍包，以特殊的馬鞍形剪裁，並於袋身飾以如馬蹬般的CD縮寫字母，迅速成為全球最發燒的單品，之後許多品牌爭相仿效。

━▌John Galliano近期的設計帶有強烈民族風，相當容易辨識。

**｜名牌｜**

Shopping

## 【入門必購的附件單品】

Christian Dior的化妝品會搭配每一季的服裝主題推出新的外盒設計，如馬鞍形的口紅盤與Addict癮誘系列唇膏等，售價從一千元出頭到七、八百元不等，和一般品牌差不多，是Dior迷不可錯過的選擇。其非寶石類的配件也不昂貴，一般胸針、頸鍊、手機吊飾等都在五千元上下，相當可愛。

**700元～5000元**

**4900元～12000元**

為了更貼近年輕消費者，Christian Dior也策略性地推出了兩款較低價單品――迷你馬鞍包與典藏馬鞍化妝包。前者由牛仔Logo款的NT\$4,900到小羊皮款的ＮＴ＄１２，０００，後者則為NT\$5,500的友善價格，搭配性高、流行感又強，可以視為購買Christian Dior的入門單品。

## 【穿出品昧與風格】

在這裡強力推薦的是Christian Dior混搭飾品，產品包括了別針、手鍊、項鍊、耳環與髮飾等，不論是Logo設計、還是蝴蝶結與星星等各種流行圖案造型，從年輕流行到優雅貴氣應有盡有，強烈的Christian Dior時髦風格，小小的點綴可以讓服裝造型更完整出色。最重要的是這個系列單價都不高，多在數千元的水準，可以多買一些作搭配。

另一推薦的單品是於2001年推出、為紀念1947年Christian Dior所舉辦首場時裝秀的Chris 47紀念錶。是John Galliano透過擅長的街頭與運動風格，將運動背袋上的扣環運用在手錶的扣環上，相當特別。

2002年新推出六種顏色的繽紛錶帶，簡單、實用、又別具時尚感，是相當具有風格的休閒錶款，不論搭配正式或休閒服裝都很適合。

Turning Point

## 【品牌風華記事】

● 1938年Christian Dior受僱於當時最有名的服裝設計師Piquet，擔任駐店設計師。此時他設計了名為「英式咖啡」(Cafe Anglais)黑白相間的千島格服飾，從此成為Christian Dior設計的重要表徵。

● 1947年，Christian Dior推出令人震驚劃時代「New Look」系列，特色在於削肩、束腰與豐臀，突顯了女性的曲線美，替二次大戰後失去優雅細緻風格的女性服飾，注入極度女性化的嫵媚。

● 之後，陸續推出由「New Look」演變出的創新剪裁曲線：1948年的「鋸齒造型」、1949年的「剪刀造型」、1950年的「垂直造型」和「傾斜造型」、1951年的「自然形」和「長線條」、1952年的「波紋曲線型」和「黑影造型」、與1953年著名的「鬱金香造型」，全部都以自然肩形和纖細的腰身為造型重點,並在裙長、袖口、領口等細部作變化。

● 1954年秋Christian Dior發表了「H Line」，婦女腰部不再受到約束，時尚雜誌稱之為比「New Look」更重要的發展，將女

性從無用的細節中解放出來。

● 1955年春，「A Line」發表，收小肩的幅度，放寬裙子下擺，形成與艾菲爾鐵塔相似的「A」字形輪廓，成為五十年代最為風行的款式。

● 1955年至1957年，Christian Dior又陸續發表「Y Line」、「箭形設計」、「自由形」與「紡錘形」，造型上完全脫離「New Look」的外部輪廓，純然是新時代的產物，再次獲得時尚界一致的喝彩。

● 1997年被媒體譽為高級時裝之皇（Savoir of Haute Couture）的英倫壞小子John Galliano接掌Christian Dior，以源自非洲與東方的設計靈感，及融合法式的高貴完美，再次成為時尚界最受矚目的巨星。

● 1999年推出的City Dior都會包、2000年推出的Saddle Bag馬鞍包，迅速席捲時尚圈，成為全球時髦女性不可缺少的配件之一。

# FENDI

## 芬迪

來自義大利的皮草傳奇

以前總認為Fendi是個遙遠帶點老氣的品牌，但自從貝貴提背包、以及具有雙F Logo的年輕化手錶出現後，才開始體驗到它的時尚感與優雅魅力。

Fendi不斷地以品牌最著名的皮草為出發點，設計出千變萬化的服飾與配件，不論是整件雍容卻輕盈的大衣、在領子或袖口飾有毛皮的上衣、還是圖案多樣的包包，都一致地反映出品牌的高貴精神，同時充滿流行感。仔細聆賞Fendi使用毛皮的巧思，不禁為這個奢華優雅的女性品牌喝采。

## 【經典歷史篇】

### 雍容華貴的皮草風采

形象高貴的義大利品牌Fendi源起於羅馬，前身是一家專為城中顯貴與好萊塢女星設計訂做的皮革皮草店。皮草店由年輕的Adele Casagrande於1918年開始經營，後來在Adele於1925年下嫁Edoardo Fendi後將店名易為Fendi。

第二次世界大戰結束後，Fendi夫婦的五個女兒Poula、Anns、Franca、Carla和Alda相繼投入家族生意，正式成為Fendi家族的第二代接班人，以女性獨到的眼光，掌握女性追求美麗的心理，創造出一種奢華的穿著感，將Fendi推向國際市場。

1965年，德國設計師Karl Lagerfeld正式成爲Fendi品牌設計師，以富有戲劇性的設計理念將Fendi推向世界舞台，並獲得全球性的矚目與好評。而經常出現在Fendi服裝與配飾上的雙F標誌，亦出於Lagerfeld之手，成爲繼Chanel的雙C、Gucci的雙G之後，另一個舉世聞名的雙字母標示。

1966年由德國女婿Lagerfeld操刀的Fendi女裝展示會獲得空前的成功，並獲得美國服裝界的重要人士Bloomingdale 總裁－－Marvin Traub之青睞，將其引進美國市場，旋即登上時尚界的重要地標－－紐約第五大道。

1977年，Fendi更打破只製造皮草和皮革的傳統，首次推出女性成衣（Ready to wear）系列，讓品牌得到更多元化的發展。

以製作皮草皮革起家的Fendi，以優雅與奢華擅場於時尚圈，雍容華貴的皮草大衣是永遠的代表作。

之後Fendi更於1985年推出女性香水、1987年推出年輕的Fendissime運動系列，1989年推出男性香水Fendi Uomo、1900年推出男士服裝與配飾系列，成爲一個全面的高級時尚品牌。

如今Fendi已由第三代孫女Silvia接手，五姊妹的十一個孩子都投身家族事業，Karl Lagerfeld也繼續擔任顧問的角色，協助設計的走向。

1999年，Fendi更與LVMH集團及Prada結爲夥伴，並透過新的生產線與市場監督政策來提升品牌形象，務求使Fendi這個經典高貴品牌在21世紀更上層樓。

【經典歷史篇】

## 首席設計師的獨創技巧

稱Karl Lagerfeld為現今個人風格最強烈的服裝設計師，一點也不為過：梳著馬尾，眼戴墨鏡，手搖折扇，是他面對媒體的標準裝束。Karl Lagerfeld的名字總伴隨Chloe、Fendi、Chanel等名牌的影子出現在時裝發表與服裝評論場合。他可以同時為六個品牌擔綱設計，在一個月中準備好一個高級女裝展，一個裘皮時裝展和三個成衣展，質量之高，速度之快常令人驚詫不已。身為舉世公認最具帶領潮流能力的設計師之一，它具有源源不斷的創意，每一季都推出精采絕倫的新作，這也成了他與其他設計師的迥異之處。

Karl Lagerfeld對於Fendi最大的貢獻，在於他對毛皮所進行的革新處理：如將真正動物毛皮處理成有如仿製毛皮的外觀效果、在毛皮面料上打上大量細小洞眼以減輕大衣的重量、毛皮的多彩染色處理等。這些做法使得原本又重又硬的皮草大衣重新獲得詮釋，變得輕盈服貼，更加配合女性体型。而其所發展出的雙F Logo，以及大量運用在皮包與服裝配飾細節的設計，更使得Fendi的人氣扶搖直上。

從1965年開始至Fendi第三代Silvia接手，Karl Lagerfeld 10幾年來為Fendi創作出大量高雅、新穎、大膽、極端女性化的精

美時裝。如今，他仍繼續扮演著顧問的角色，協助設計的走向，是Fendi成為國際時尚精品及品味象徵的最大功臣。

1987 年Lagerfeld更投身攝影工作，親自為自己的設計工作室拍攝媒體宣傳手冊，開始擔負全部的廣告宣傳，由於對攝影的熱愛，使得他每一次的宣傳活動成為真正的藝術作品。

1998 年Lagerfeld將時裝、書籍和攝影三大摯愛結合，成立 Karl Lagerfeld 藝術廊，完整展現 Karl Lagerfeld 淵博的知識、豐富的文化素養和前衛品味。

【經典歷史篇】

## 你所不知道的材質故事

80年代起，面對動物保育者的反對批評，以皮草聞名的 Fendi因而沉寂了一陣子。第三代繼承人Silvia重新調整發展方向，開始大量使用絲緞與寶石閃亮的針織質材，以創造具流行感的新形象，雖然減少了皮草的使用，卻絲毫不減品牌源自皮草的高貴奢華氣勢。

90年代初Fendi推出正面為全毛皮、反面為網眼織物的兩面穿大衣，以抗議當時的反毛皮服裝運動。93/94秋冬季，Fendi 再推出可折疊成有拉鏈小包狀的中長毛皮大衣，有意改變過去

▌皮革服飾是Fendi的另一傳統代表，最特別的是以陽剛的質材表現出女性的嫵媚，近來的設計更增添了現代感與流行感。

■ 貝貴提是使Fendi擠身人氣品牌的轉捩點，由於大受歡迎，每年繼續推出新款，從最基本的雙F Logo，到毛皮、民族風刺繡等，已經出現了600種款式，充滿令人驚喜的變化。

人們視毛皮服裝為高檔奢侈品的傳統觀念，讓Fendi的毛皮服裝更加生活化、平民化、時裝化，接近更多的消費者。

現在提起Fendi，大家的第一印象可能不是高貴的皮草，而是擄獲全世界女性的貝貴提。由Silvia Venturin Fendi於1997年引入的貝貴提（Baquette）手袋，靈感來自於法國麵包。其時尚高雅的外型，加上可背、可提、可懸掛於手肘的短肩帶設計，一推出就成為時尚名媛的最愛，造成搶購的風潮。

貝貴提每一季都會推出新的設計，運用不同的材質、顏色與搭配，創造出新的感覺，使每只貝貴提都獨一無二，至今已推出超過六百種不同的款式，人氣指數依舊高居不下。

Fendi另一款重新走紅的單品，即是受到許多好萊塢紅星喜愛的Selleria，凱特布蘭琪是其頭號愛用者。

不退流行的Selleria手袋，最大的特色是與馬鞍相同的縫製法，每個都由馬具製造大師手工完成，且限量製造，因此每個均個別編號，而更形尊貴。除了基本的貝貴提（Baquettes）、Mother Baquettes及醫生包（Doctor's Bag）外、還有小貝貴提和馬鞍包等新款。

## 【流行線上篇】

### 成熟優雅的貴族風範

以皮草著名的Fendi，設計中充滿奢華感與貴族風範，融合了義大利精湛的工藝、充滿生氣的創意與先進的科技。其服飾向來以成熟高貴為訴求，在優雅之中找尋與流行的平衡點。

Fendi著名的皮草製作手法，是以「插秧」的方式將一撮撮皮草植成一件毛茸茸的皮裘，不但無損皮草高貴華美的質感，更讓皮草大衣變得如羽絨般輕盈，而且更薄、更貼身。

Fendi 更大量嘗試新的材料，例如毛皮、皮革、染布，並將一些從未被使用過的皮革轉換成柔軟、輕薄、舒適且時髦的服裝，凸顯身材的優點，創造出一種嶄新的風潮。

▌Fendi採用獨特的裁剪與縫紉方式，使皮草大衣變得如羽絨般輕盈，但無損其華美的質感。

Vision

## 新潮流新主張

Fendi這幾季最強的設計仍為皮草與手袋。

每一季都不斷地在毛皮上發展新的變化，如把貂毛和集成一束一束的狐狸毛合織成的外套、經過剪毛處理的皮草當成「毛」線，再以時下流行的粗棒針法織成短上衣；或是祭出看家本事，以高級的手工馬鞍縫 Selleria 做成拼接的效果；或是忽然從小牛皮貝殼包縫隙裡，冒出像立體流蘇般的長山羊毛……這些不斷在皮草上迸出來的驚嘆號，也只有Fendi這個皮草老字號能夠玩出這麼多的花樣。

2002年春夏FENDI熱賣的「貝殼包」(Ostrik)，則繼續以皮草為塑材，包包上出現蜘蛛、蟹、魔鬼魚或花朵等主題，預估仍會是未來的熱門商品。

■ 貝殼包是Fendi近來另一大Hito，各式各樣材質變化，以及所添加的圖案設計，激發女性收藏的慾望。

## 【流行線上篇】

### 名牌購物通

Fendi旗下的產品包括了皮草、皮革、皮件、女裝、皮衣、針織休閒服、沙灘裝、泳裝、珠寶、手錶與香水。

雙F Logo是Fendi的主要識別,除了出現在服飾與包包的表面布料上之外,還會以金屬環扣的方式展現,而服裝與配件的鈕子等小細節上也經常會有雙F Logo。

Fendi的仿冒品在市面上也很常見,且仿製的產品多以雙F Logo帆布材質為主。除了注意縫線與車邊的平整之外,也需了解這一兩季Fendi已極少推出Logo的款式,多以皮革以及民族風刺繡為主。

馬鞍針縫線也是Fendi的特色之一,在皮包、皮夾、皮衣與皮鞋上經常可見這種獨特的縫法。

■ 雙F布面材質是Fendi最為人熟知的品牌識別,服裝與包包均大量使用此設計,仿冒品也以此款居多。

■ 馬鞍針逢線也是Fendi的特色之一,經常出現在皮鞋與皮包等製品上,為極度女性化的設計添加些許中性的味道。

■■ 雙F Logo也會較收斂地出現在皮包的環扣上，呈現高雅的質感，服裝與配件的扣子上有時也會出現。

■■ ▌對於皮革的雕飾與處理是Fendi的一大特色，最近幾季常出現雕花的真皮皮包，風格強烈。

## 【入門必購的附件單品】

高貴的Fendi能夠便宜入手的東西並不多,一些帆布
材質的小零錢包等,算是較平價的商
品,價格在五至八千元。

**5000～8000元**

紅極一時的貝貴提,視不同的材質與尺寸價格有
異,但最基本的可以在萬元內購
得,算是值得投資的單品,非常能
夠表現Fendi的風格。而近來在手錶
市場表現優異的Fendi,亦有不少錶款在兩萬元以下,喜
歡Fendi風格的人不妨考慮。

**10000元～20000元**

Coordination

## 【穿出品昧與風格】

皮草大衣對於亞熱帶台灣也許並不實穿，但在領口局部飾以皮草的外套，卻是不錯的選擇，展現出Fendi靈活運用皮草的巧思。

Fendi的皮草是最具品牌代表性的單品，但在台灣的實用性實在不高。建議可選購局部以皮草點綴的設計、或是線條優美剪裁合身的皮革上衣，表現出Fendi特有的華貴與優雅氣質。

Fendi最具人氣的包包，是非常值得投資的單品。

特別推薦基本Zucca材質的貝貴提，以雙F為主的設計，流露出Fendi特有的氣質，簡單大方不退流行。其可背、可提、可挽的多重功能，更可搭配不同服裝與不同場合，實用性相當高。

只是貝貴提的基本尺寸為W26xH13xD5，習慣隨身攜帶很多東西的人可能並不適合，可以考慮尺寸較大的Mother Baquette。

## 【品牌風華記事】

● 1965年，Karl Lagerfeld（現為Chanel設計師）加盟Fendi，成為品牌首席設計師，將傳統演化成新的概念，把「鑲入」、「上漆」、「平針」及「交錯織法」等多種剪裁及縫紉方法引入皮草製造上，並首次將其轉化成流行時裝。他的多才多藝，將Fendi的傳統出色手工藝推向新紀元；他同時創造了風靡全球的雙F Logo，至今仍為Fendi的品牌象徵。

● 1969年，Fendi在翡冷翠的碧提宮發表皮草成衣，以獨特的製造技術使過去極度昂貴的皮草變成成較為平價，而且不再需要大量的動物毛皮。手袋方面，引進「印刻」、「交織」、「印染」及「鞣皮」的製作方式，除非常實用外，更將品牌推向高級皮具製作的範疇。

● 80年代，著名的「Double F」手袋加入Pequin系列後，便迅速成為Fendi的代表，廣受年輕消費者歡迎。

● 1997年才推出的貝貴提（Baquette）手袋，更成為名媛仕女必備的時尚單品，再次將Fendi的人氣指數推上高峰。

# GIORGIO ARMANI

亞曼尼

簡約中性的時尚傳奇

襲Armani的套裝，簡單的剪裁、中性的風格，即能展現無限的品味與質感，這就是Armani的魅力所在。

對都會雅痞及職場精英而言，Armani無疑是最值得投資的品牌，簡單、俐落、專業、品味，不需要誇張招搖的Logo或圖案，低調的表現出名牌的質感。

許多品牌若全身搭配穿戴，易流於俗氣，但從衣服、鞋子、皮件、眼鏡到香水，成套的Armani卻是最正的搭配，最能表現出數於Armani的簡約時尚風格。

## 【經典歷史篇】

### 新世紀都會女子的新風采

Giorgio Armani 於1934 年 7 月 11 日出生於義大利北部的 Piacenza 小鎮。對服裝設計本無興趣的他，在家鄉的Piacenza University讀了兩年醫學院，直到 1957 年從大學輟學，加入義大利著名的百貨公司－－文藝復興百貨公司（La Rinascente）擔任採購一職，才開始對時裝產生興趣。

1964年，Armani開始爲義大利一家重要的紡織工廠——Nino Cerrutti擔任設計工作，之後又以業餘身分替多家公司擔任自由設計師，Armani出色的設計才華與豐富多樣的自我風格

在此階段打下深厚的基礎。

在擔任了數年業餘時裝設計師後，Armani開始構思成立自己的品牌。終於在拍檔兼愛人Sergio Galeotti的鼓勵下，於1975年創立了 Giorgio Armani SpA，並推出自己品牌的男女裝系列，迅速獲得時尚界的熱烈迴響。

在奢華風盛行的80年代，Armani的設計為時裝界來革命性的轉變。他顛覆了陽剛與陰柔的界線，引領女裝邁向中性風格：簡單例落的線條、嚴肅中性的色彩，擺脫女性嬌柔的刻版印象，象徵女性在社會地位上的轉換，創造出新世紀上班族女性的全新形象。

簡單的套裝搭配完美的中性化剪裁，不論在任何時間、場合，都沒有不合宜或褪流行的問題，成為世界各地高階主管最能展現風格與品味的最愛。

現在Armani集團設計、製造、分銷及零售旗下一系列品牌的時裝產品，包括衣服、飾物、眼鏡、手錶、家居用品、香水和化妝品。其獨家零售網絡遍佈三十四個國家，共有二百六十二間店舖和時裝商店。

目前這位六十多歲高齡的國際知名設計師，仍活躍於變化多端的時裝舞台上，其自創的簡約風格除了贏得了多不可數的的獎項外，更讓許多好萊塢的影星們對他的設計愛不釋手。好

萊塢甚至還流行了一句話：「當你不知道要穿什麼的時候，穿ARMANI就沒錯！」知性的茱蒂佛斯特就是Armani忠實的擁護者。

【經典歷史篇】

▌Armani集團目前在34個國家共有262家店舖與時裝店。

▌Giorgio Armani以簡單的剪裁、中性的風格，創造出特有的品味與質感。一襲經典套裝，展現專業洗鍊的都會風格。

### 首席設計師的獨創技巧

Giorgio Armani在國際時裝界是一個富有魅力的傳奇人物，他是以設計師名字註冊品牌的第一人，也是率先創造出設計師副牌的開山祖師。1982年《時代周刊》的封面印上了Armani的頭像－－他是繼Christian Dior之後獲得這種榮譽的第二位服裝設計師。

他更在14年內獲得了世界各地30多項服裝大獎，包括Gran Cavaliere della Repubblica、Commendatore dell'ordine al Merito della Repubblica （義大利最高榮譽獎項）、CFDA的Award for Best International Designer(最佳設計師大賞)、男士服裝以及藝術和時裝終身成就大獎。更榮獲倫敦皇家藝術學院的榮譽博士

學位，以及GQ雜誌的Man of the Year Award(年度風雲人物)。

如此叱吒風雲的設計大師，卻非科班出身，沒有正式受過服裝設計的訓練。他的設計不是來自於學理或是想像，而是透過觀察別人優雅的穿衣方式，將之轉換搭配成屬於自己的獨特風格。

最初他把設計稿畫好後直接交給師傅縫製，慢慢的他簡約的設計逐漸廣爲人知而大受歡迎。他替電影「美國舞男」中的李察吉爾設計出低調的性感形象，提供美國男性來自義大利的別致款式，一炮而紅；而替黛安基頓在電影「安妮大廳」中打點的斜紋軟呢上衣，更成爲幹練都會女子的新形象。

Giorgio Armani是Armani集團的現任主席兼行政總裁及唯一股東，他不僅參與公司管理工作和策略性決議，更監督所有設計工作、市場推廣與公司業務，並花許多時間與傳媒溝通，及與世界各地的商業夥伴保持緊密聯繫。

■ 在大量中性色調中偶爾顯露的色彩，表現出Giorgio Armani獨特的設計風格，14年中在世界各地獲得30項服裝大獎。

　　對於一個超過65歲卻還未找到繼承人的老牌設計師來說，也許把公司賣給一個大型精品集團會是個不錯的選擇，但是Giorgio Armani表示不會將今日仍叱吒風雲的Armani時裝帝國拱手讓人！

　　2000年Armani的個人淨利高達1億美元，作為當今世上最成功的設計師之一，Armani承認成功得來絕不輕鬆，不但犧牲了自由，且根本沒有私生活，但對時尚嗅覺依然敏銳的他，仍準備以65歲的高齡帶領Armani登向另一個高峰。

## 【經典歷史篇】

### 你所不知道的副牌故事

　　Giorgio Armani 是副牌（diffusion line）概念的創始人，源起於Giorgio Armani 本人希望找尋一些更接近群眾的方法，讓更多人能穿上優質的 Armani服裝。

　　GIORGIO ARMANI 現在有13個品牌系列，如ARMANI JEANS男女牛仔系列、GIORGIO ARMANI JUNIOR 男女童裝系列、還有雪衣、高爾夫球裝系列等等，其中發展的最成熟最受歡迎的應該是以老鷹作為標誌的EMPORIO ARMANI男女裝。

　　1981年成立的Emporio Armani，貫徹Armani一向推崇的簡約感覺，除推出男女裝外，亦有運動服、泳衣、眼鏡、手錶、牛仔褲、領帶、頸巾、腰帶、皮鞋、布鞋等。以大地色調及老

鷹標誌為品牌識別，強調Less is more的潮流。在價格上雖然與主線Giorgio Armani有相當大的一段距離，但以副牌來說仍然屬於偏高的層次。

Armani副牌概念的成功，讓許多設計師紛紛仿效，如Dolce & Gabbana的D&G、Donna Karan 的 DKNY與DKNY Jeans、Gianni Versace 的 Versus、Ralph Laren的Ralph Laren Polo、Alberta Ferretti 的 Philosophy di Alberta Ferretti以及Moschino的Cheap and Chic等等，副牌的設計也因而普及化。

▌Giorgio Armani是首創副牌概念的時尚品牌，Emporior Armani的成功，讓許多設計師紛紛仿效。

副牌是正牌的廉價版，目的是希望能吸引更多有購買力的顧客，讓一般大眾能藉由副牌實現穿上名牌服裝的願望，難怪普羅大眾反應踴躍。通常副牌賣得比正牌還好，甚至可佔品牌收入的60%-70%，且已逐漸登上米蘭伸展台，如Emporio Armani, Versus與D&G，與正牌時裝一較長短。

Glitter
【經典歷史篇】

## 巨星的最愛

多年來，亞曼尼的設計產品一直備受好萊塢影星的喜愛，

名牌

■Giorgio Armani
簡單大方的禮服是
許多好萊塢巨星出
席重要場合不變的
選擇。

特別是各大頒獎典禮上，這種巨星雲集的場合，常常都是Armani的天下，茱迪佛斯特與蜜雪兒非佛等高質感知性女星都曾經以一襲簡單卻出眾的亞曼尼出席奧斯卡金像獎。

在2003年米蘭春夏時裝展Armani的秀場中，許多好萊塢巨星出席捧場，包括美國流行樂歌手蒂娜透娜、義大利影星蘇菲亞羅蘭、以及好萊塢男星喬治庫隆尼等，顯示Giorgio Armani受歡迎的程度。

最近的暢銷電影中更經常可見Giorgio Armani的設計。《當真愛來敲門》兩大巨星葛妮絲派特洛與班艾佛列克在電影中所有的服裝均出自Armani之手。Armani精心挑選Giorgio Armani與Emporio Armani的服裝組合搭配，以突顯班艾佛列克具有高度自信又成功的特質，以及葛妮絲派特洛少婦和母親的角色。

成龍所主演的《燕尾服》，片中那套神奇高貴的燕尾服，更是Armani的精心設計。傳統式樣的單鈕釦羊毛縐呢晚禮服，窄翻領的上衣以精巧手工縫合，配襯緞子腰帶，以及簡樸的襯衫及領結，非常漂亮，經典，並且時髦。女主角珍妮佛樂芙休依特在片中的多款高雅套裝，也是由Armani所設計的。

## 【流行線上篇】

### 自信優雅的現代自我品味

　　Armani打破陽剛與陰柔
界線、引領女裝邁向中性風
格的設計，在五光十色的時
尚界看起來並不特別顯眼或
華麗，但在簡單的款式與謹
慎的用色下，不著墨於花俏
與時髦，以做工與質地展現
一流的品質與流行感，在舉
手投足尖流露出幹練的自信
與不著痕跡的優雅。

　　許多世界高階主管與好
萊塢影星們就是著迷於這般
自我的創作風格，而成為
Armani的忠誠追隨者。而許
多因為工作忙碌而沒有時間選擇服飾的
人，更是將自己交給Armani永不出錯的
套裝，Armani品牌的時裝在大眾心中已
經超出其本身的意義，而成為了事業有
成和現代生活方式的象徵。

▍設計風格簡約的
Armani，不似一般名
牌華麗花俏，非常適
合低調卻講求質感的
人士日常穿著。

## 【流行線上篇】

### 新潮流新主張

　　Armani的設計不斷從中性洗鍊的線條中，尋找新的靈感與變化，從細膩處展現女性的性感特質。例如2002年圍繞著褲裝為創意發揮重點，從富於變化的裹腿褲造型、寬鬆帥氣的男裝

褲型，到圍裹長裙式外型。即使是滑亮織緞的酒會晚禮服，亦搭配現代民族風味的哈倫(harem)褲。加上30年代飛行造型靈感，飛行夾克、皮帽與防風鏡，是令人驚艷的演出。

　　2003年的設計，更增添了Armani少有的嫵媚與年輕特質。短褲、網襪、罩衫、蕾絲、以及花俏誇張的配飾，為Armani精典的黑色、暗灰色和中性調灰褐色色系，增添了驚喜與變化，讓品牌的擁護者有耳目一新之感。

■■■ Giorgio Armani 的男裝同樣以俐落的剪裁，表現出都會男子的自信風采。

【流行線上篇】

## 名牌購物通

　　Armani的產品線非常廣，包括服裝、香水、眼鏡、手錶、鞋、袋、小皮具、內衣、泳衣、針織品、家居用品、化妝品、鮮花、書籍、珠寶首飾與糖果等，是將時尚與生活型態融合的一全面性精品品牌。

▎Armani的產品線相當廣，除了時尚配件外，還包括家居用品、化妝品、鮮花、書籍等，是將時尚與生活融合的精品品牌。

　　現在適合一般場合穿著的服裝屬於Giorgio Armani Collezioni系列，布標為白底黑字，由於設計風格簡約內斂，並無特別明顯的品牌識別，只能從中性的剪裁、細緻的質地、以及優雅的色彩，去體會品牌的魅力。

　　由於Armani的品牌價值在於其精準細緻的剪裁，因此仿冒品並無法以假亂真，且因風格低調，因此並不受假貨市場的青睞，反倒是其副牌Emporio Armani，由於老鷹標誌較為鮮明，一些基本款會出現仿冒的情形。

━━ Armani的化妝品與香水相當受到歡迎，甚至得到美麗佳人紅妝大賞－最佳彩裝大賞的肯定。

Shopping

## 【入門必購的附件單品】

　　Armani的服裝都不便宜，要找經濟型產品得從周邊商品著手，千餘元的香水系列，以及五、六千元的太陽眼鏡，算是價格平實的單品。

1000～6000元

　　以上班族而言，Armani的太陽眼鏡眞的是很適合的選擇，線條簡潔具都會洗練感，不似Chanel或Dior較爲華麗誇張，出外洽公時不會損害專業形象又增添流行質感。

　　Armani的套裝雖然都要數萬元，但若眞的挑中適合自己的剪裁，倒是值得投資，因爲實穿又不會過時，不然可以先從一萬多元的針織衫入門，搭配既有的褲裝，增添質感。

10000元以上

## 【穿出品昧與風格】

　　Gieorgio Armani混合明星氣質與俐落風格的套裝，是推薦上班族女性一定要擁有的極品。

　　雖然是簡單平實的設計，但非常實穿，不會像某些品牌過於華麗招搖，在一般場合不適於穿著。透過不凡的質感與剪裁，可以表現出高雅的品味與都會氣質。

　　一套黑色或灰色的Armani套裝，可成套穿著表現優雅風範、亦可搭配其他服飾創造活潑的感覺，而加上較華麗的配飾當作宴會服也不會失禮，是經得起時間考驗、不怕過時，相當值得投資的服飾。

　　Armani的眼鏡與太陽眼鏡，和服裝一樣講究精緻的質感與簡單的線條，是喜歡低調優雅風格的最佳選擇。不會過於花俏、也不會褪流行，搭配上班時的套裝或是帥氣的牛仔褲，都能展現內斂時髦的都會氣息。

▋Armani的太陽眼鏡是喜歡低調優雅風格認識的最佳選擇，不會過於花俏、也不會褪流行。

Turning Point

## 【品牌風華記事】

● 1975年7月24日，Sergio Galeotti與Giorgio Armani於米蘭成立 Giorgio Armani SpA。翌年正式推出Giorgio Armani Borgonuovo 21成衣系列，中性簡約設計，為時裝界帶來革命性的轉變。

● 1979年於美國成立Giorgio Armani Corporation，開始將業務擴展至海外市場，成為一主導國際時裝設計的集團，更推出 Le Collezioni、Mani、Armani Junior、Giorgio Armani配飾、內衣與泳衣。

● 1981年推出副牌Emporio Armani，獲得空前的成功。之後陸續推出多種品牌系列，包括Armani Jeans、Armani Exchange、Armani casa、Armani Libri、Armani Flori與 Armani Dolci等，成為跨足流行時尚與精緻生活的全面性品牌。

● 80年代早期，Giorgio Armani與L'oreal簽訂香水授權協議。1984年至今推出了Giogio Armani Parfums、Armani for Man、GIO、ACQUA DI GIO、ACQUA DI GIO for Man、EMPORIO Armani以及Mania，均創造銷售佳績。

● 2000年正式推出Giorgio Armani Cosmetics，立即獲國際美容

時裝權威雜誌——法國版《Marie Claire》評選為2000年最佳彩妝系列。兩年間，已先後於義大利、法國、西班牙、英國、美國及日本等國家開設專門店。

# GUCCI

## 古馳

獨領風騷的皮件傳奇

皮件起家的Gucci，近年來在設計師Tom Ford的帶領下逐漸轉型，以摩登性感的新形象席捲全球，不但獲得評論界的好評，銷售成績更是驚人。

　　Tom Ford可說是世界上知名度最高的設計師之一，從94年開始，只要他的作品一推出，不論是頗受仿冒商青睞的包包系列、超高性感細跟鞋、還是黑色緞質的東洋風和服概念，都立刻造成風潮，讓他出盡鋒頭，成為全世界女性崇拜的對象。因此稱Gucci為當代時尚潮流的創造者與領導者，一點都不為過。

## 【經典歷史篇】

### Gucci標誌的皮革風采

　　Gucci的創始人Guccio Gucci是佛羅倫斯工匠之後，於1889年離鄉背井，遠赴英國倫敦，在世界有名的Savoy酒店當侍應。

　　由於工作上接觸的盡是富紳名流，從他們使用的行李和配件中，他認識到高品質皮具的品味和工藝，並萌生了開設一間高級行李配件和馬術用品專賣店的想法。

　　1921年，Guccio Gucci借了3萬元里拉，在佛羅倫斯的巴里

昂大街上開設第一家皮具店,結果大受歡迎,生意迅速擴張。隨後,Guiccio Gucci的四個兒子Aldo、Vasco、Ugo與Rudolfo相繼加入公司經營,Gucci逐漸發展成家族企業。

1953年,第一家海外分店在紐約曼哈頓開幕,Gucci成爲少數率先進入美國的義大利品牌。

Gucci是第一個把自己的名字當作Logo印在商品的人。40年代後期至60年代期間,Gucci接連推出了帶竹柄的皮包、鑲金屬邊的軟鞋、印花絲巾等一系列的經典設計。這段期間,Gucci就如同財富與奢華的象徵,深受許多電影明星、王公貴族以及商賈富豪的愛戴。

1953年自曼哈頓店面落成以來,20年間Gucci相繼在倫敦、棕櫚海灘、巴黎及世界其他最繁華的都市開設了新店,氣勢銳不可當。

▌雙G緹花帆布是Gucci的招牌,源自於創始人Guccio Gucci的縮寫,是最為人熟知的品牌識別。

1972年和1974年,Gucci東京店和香港店分別開業,Gucci成功進軍遠東市場。

70與80年代期間,Gucci發生了嚴重的經營危機。市場充斥著冒牌貨、經典產品也面臨了無法突破的瓶頸,而公司本身更因家族成員間的恩怨而發生財務問題。

直到 1994年，Tom Ford正式升爲Gucci創意總監，開始大刀闊斧的整頓Gucci老化沉重的品牌形象，成功地將其轉換爲結合經典與現代、傳統與革新的新形象，不但挽救了Gucci的時尚地位，更成爲老牌精品轉型與年輕化的最佳典範。

■ 1947年所推出以竹節替代皮革把手的提包，是影星葛麗絲凱莉的最愛，成爲Gucci代表性的作品之一。近年來又融入現代感再度推出，造成一股復古風潮。

【經典歷史篇】

## 首席設計師的獨創技巧

Gucci雖是義大利的老招牌，但聘用的創意總監Tom Ford卻是土生土長的美國人。Tom Ford出生於德州奧斯丁，曾在著名的紐約大學修習藝術史，後來相繼在紐約及巴黎森設計學校完成建築設計學位。畢業後他回到紐約並加入美國設計師品牌Cathy Hardwick工作，1988年轉至Perry Ellis擔任設計總監。

1990年Tom Ford搬到米蘭加入Gucci擔任女裝設計師，92年成爲該部門總監，94年就晉升爲Gucci創意總監，主導旗下

服飾、配件、香水等11條產品線所有的商品設計，以及集團視覺形象、廣告與店面空間設計策略。

## 你所不知道的形象故事

Gucci在全盛時期，幾乎全世界的富豪人腳一雙Gucci招牌便鞋，其業績成長與擴張速度無人能出其右。但過度浮濫的授權商品，使得Gucci的雙G Logo隨處可見。莫名其妙的免稅店、低價折扣大賣場，都在販售Gucci的商品，甚至包括廁所用的衛生紙，也打上Gucci的名號，使得品牌地位一落千丈。

現任總裁Domenico De Sole深知品牌形象對精品事業的重要性，因此於1995年接手後，任用設計天才Tom Ford以超凡品味挽救失去的品牌形象，並大刀闊斧地收回所有授權商品。

雖然明白結束授權會使收入大受影響，但Gucci必須度過這個陣痛期，不然品牌形象無法重振。此外，他更慎選直營店之外的銷售點，只在質感高級的店面出現，平價賣場中再也看不到Gucci產品的蹤影，將品牌價值向上提升。如此強硬的作風讓Domenico De Sole贏得了Mr. No的稱號，而這套「Less is More」的策略，也讓Gucci這個歷史老牌脫胎換骨，重新站上一線品牌的地位。

▌自從Tom Ford執掌Gucci之後，性感優雅的風格，使Gucci成為時尚界的當紅炸子雞。現在Tom Ford更同時兼任集團內另一重量級品牌－Yves Saint Laurent的創意總監。

**名牌**

【經典歷史篇】

## 巨星的最愛

從40年代起，許多電影明星就是Gucci的忠實顧客。

▌Tom Ford擔任多位好萊塢巨星的時尚顧問，包括布萊德彼特、湯姆漢克、伊莉沙白赫麗與瑪丹娜等，品牌與個人魅力十足。

奧黛麗赫本與伊莉莎白泰勒都是Gucci圍巾的愛用者；葛麗絲凱莉則帶動竹節包與印花圍巾的流行；經典產品賈姬包更因為是賈桂琳甘迺迪的最愛而得名；而好萊塢男星克拉克蓋博、約翰韋恩與傑克尼克遜等都是Gucci便鞋的愛用者。

近期從瑪丹娜、瑪莉亞凱莉、伊莉莎白赫麗、布萊得彼特、湯姆漢克夫婦等，都把Tom Ford當作服裝顧問，成為Gucci的死忠擁護者。

好萊塢公認品味最佳的女星——葛妮絲派特洛，更穿著Gucci的金色禮服出席1998年奧斯卡金像獎，當年她獲得最佳女主角，在星光大道與舞台上驚艷全場，使得Tom Ford的Gucci更受到注目。

國內演藝圈也有不少女星都是Gucci的愛用者，如遠在日本的歐陽菲菲與超愛名牌的高怡平。此外，莫文蔚2年前在金曲獎令人驚豔的黑色性感洋裝，也是Gucci的得意之作。

## 【流行實用篇】

### 古典摩登帥氣的現代時尚

　　兼具復古與摩登、經典與現代、傳統與革新兩種對立特質是Gucci在Tom Ford接手後的主要特色。Gucci在50、60年代的黃金時期具有摩登炫耀的特質，是個帶領潮流的品牌，直到80年代墨守成規之後才開始沉寂。

　　因此Tom Ford要發揮Gucci在黃金時期的精神，找回明星的氣質，Gucci化的女裝要時髦、優雅，男裝則要注重細節。

■ 巧妙結合復古與摩登、經典與現代、傳統與革新等對立特質，是Gucci現在的主要特色。

■ ■ Gucci男裝極注重細節，是許多好萊塢男星的最愛。

■ 融合東方和服元素的設計
是Tom Ford於2002年引起
時尚圈風暴的概念，傑出的
創意令時尚評論家讚嘆不
已。

## 【流行線上篇】

### 新潮流新主張

　　Gucci在Tom Ford的出色設計與創意行銷手法帶領下，近
幾年來一直是全世界極具有影響力的重量級時尚品牌，並且開
始逐漸逐漸網羅流行界內的優質大牌成為Gucci集團的一份
子。

　　如珠寶界內的頂級珠寶品牌Boucheron、高級鞋類製品品
牌Sergio Rossi、以及設計師品牌Alexander McQueen、法國經
典品牌Yves Saint Laurent，以及2001年初甫加入的Bottega
Veneta等，使Gucci集團儼然成為一個超級時尚王國。

## 【流行線上篇】

### 名牌購物通

　　Gucci全系列商品包括了男女服飾、皮鞋、皮件、旅行用
品、絲巾、領帶、手錶、香水與禮品系列。

　　看到雙G Logo、馬銜鏈設計與出現在鞋面、褲縫與皮帶與
皮件背帶等處的綠紅綠條紋圖案，就可以清楚辨識是Gucci的

商品。

　但需要注意的是，Gucci從去年起就不再做顯目的雙G
logo，因此購買新款Gucci皮包的人要注意市面上賣的是否為眞
品。

　Gucci所有的產品都有清楚的編號與條碼，皮包的內部會
有印有編號的皮質標籤，眞品的打印號碼相當清晰，仿冒品的
標籤則會有歪斜以及模糊的情況。眞品的金屬部分鍍金較厚，
光澤度高不易刮傷，皮包的四個包角做的非常圓潤，邊也很平
均，可由細節處辨別品牌眞僞。

▌直條紋帆布飾帶是Gucci的註冊商標
之一，原是用來固定馬鞍的器具，後
來成為配件的裝飾，綠紅綠多用在原
皮皮件上。

▌馬銜鍊是Gucci另一重要
特色，馬蹬與馬銜的組合，
常出現在休閒鞋、皮帶與皮
包上。

Shopping

## 【入門必購的附件單品】

Gucci的Envi與Rush都是相當受到歡迎的香水，沒有接觸過Gucci的人，不妨從這些一千多元的香氛開始進入Gucci的世界。手機吊飾類更是兩、三千元就買得到。

**1000〜3000元**

**5000元〜20000元**

Gucci多款雙G Logo單寧布的小鑰匙包、零錢包等也都只要五千至一萬元內。而Gucci最具人氣的雙G Logo包包，只要不含皮質的款式，中小型多數在兩萬元內可以買到。Gucci的皮夾也是明智的選擇，純單寧布的較便宜，附有金屬Logo環扣的則要一萬多元。而最近相當流行的漁夫帽，也是萬元內能夠買到的流行行頭，是喜歡時髦風格人的最佳選擇。

## Coordination

## 【穿出品昧與風格】

賈姬包是Gucci的經典設計，也是相當值得投資的時尚單品。賈姬包隨著流行與**趨勢**推出過許多不同的顏色與款式，因此可以選擇適合自己的Style與容易搭配的顏色，可以提升單品的附加價值與實用性。

與賈姬包最速配的服裝為簡潔有質感的款式，如剪裁合身的套裝、絲質性感上衣、以及賈桂琳最愛的復古洋裝，可以展現優雅的風格與貴族氣息。

Gucci其他款式的皮包，不論在材質、價格、造型和實用性上，都屬於各大名牌中的佼佼者，非常值得購買。簡約卻具質感的黑色套裝、性感的超高細跟高跟鞋、與經典的馬銜鏈淺平底鞋，也是具有強烈Gucci風格的Must Buy。

▌賈姬包因是賈桂琳的最愛而得名，同款式有多種顏色供選擇，優雅、流行又好搭配，是極值得收藏的單品。

▬ 細跟高跟鞋是Tom Ford為Gucci所塑造的性感象徵，雖然連專業模特兒都吃不消，但的確非常動人。

## 【品牌風華記事】

● 1937年首度出現馬銜與馬蹬的馬銜鏈（Horsebit）設計，在當時造成轟動。之後，Gucci將馬銜鏈的設計運用在休閒鞋、皮帶、皮包等商品上，成為Gucci的經典設計。第一雙鞋頭飾有馬銜鏈的Gucci淺底便鞋，目前收藏在紐約大都會博物館的服裝館中展出，足見其在時尚歷史中的地位。

● 1940年代，由於世界大戰爆發，皮革取得不易，Gucci開始以麻料纖維代替皮革作為材料，使得Gucci在皮件製作上有了更多樣的風貌。

● Gucci的經典單品大部分出現在40年代至60年代。1947年第一個使用竹節替代皮革手把的手挽包正式問世；1952年出現第一雙鞋面有馬銜鏈裝飾的休閒鞋；摩洛哥王妃葛麗絲凱莉最鍾愛的印花絲巾則出現在1967年。

● Gucci的註冊商標直條紋帆布飾帶出現於1950年代，其原始用途為固定馬鞍，後來被Gucci應用在配件裝飾。綠紅綠直紋使用在原皮皮件、藍紅藍則使用在深色的皮件上。2000年更增加了「黑白黑」與「棕橘棕」的新色彩變化。

● 在棉布上緹花織出雙G花紋的GG canvas也在同一時期中發展出來，其由來則是以創辦人Guccio Gucci名字的開頭字母作

變化，從此之後，雙G花紋布一直是Gucci與皮革相等重要的材質，使用的範圍包含了皮件、配件和Gucci在1978年的第一個服裝系列。

● 1994年Tom Ford正式從女裝部負責人升任為Gucci創意總監，每一季推出的服裝都令人驚艷，將Gucci這個傳統老化的品牌轉變成左右時尚潮流的重量級品牌。

# HERMÈS
愛馬仕

創造精品王國的傳奇

在時尚界裡，有一些名牌是需要特別的心情才能體會的，愛馬仕就是如此。很難簡單地描述愛馬仕今日在時尚界的地位，因為他有太多的故事，充滿了傳奇與光彩。

愛馬仕的凱莉包與柏金包，是許多女性一生憧憬擁有的珍寶；而瑰麗的絲巾更是最有氣質的時尚配件。男女裝看似簡單平常，但剪裁俐落、作工細緻，唯有穿上才能體會設計的趣味與意念。

以製造馬具起家的愛馬仕，以精緻的皮革工藝發展成今日傳奇的精品王國，象徵品牌精神的馬車標誌早已是品味的代名詞。

## 【經典歷史篇】

### 馬車標誌的百年風采

1837年，Thierry HERMES在巴黎創始了他的馬具製造公司，當時馬車是主要交通工具，為了滿足顧客的要求，工匠必須挖空心思。

Thierry HERMES耗費了大量的時間和心血，以最好的皮革與精良的技術，終於在1867年的世界皮革展覽中獲得一等業務獎章，也由此奠定並開展他在馬具皮革等系列的堅固基礎。

然而，這個由馬具製造為出發的家族企業，在汽車問世後受到極大的衝擊，幸而在第三代Charles-Emile HERMES的領導下，愛馬仕（Hermes）不但沒有瀕臨淘汰的命運，反而開始多角化經營，推出皮件系列和「馬鞍針步」的行李箱，創造了愛馬仕精神的嶄新風格，使愛馬仕事業經歷有如脫胎換骨般的成長，並確立了愛馬仕獨樹一幟的風格。

　　1920年代，愛馬仕（Hermes）的發展路線也積極拓展至手提袋、旅行袋、手套、皮帶、珠寶、筆記本，以及手錶、煙灰缸、絲巾等，甚至在紐約開了第一家海外專賣店，進入另一個里程碑。

　　50年代Robert DUMAS的接掌後，更陸續推出了香水、領帶、西裝、鞋飾、沐浴巾、瓷器、珠寶、男女服飾、手錶和桌飾系列等新商品，讓愛馬仕（Hermes）真正成為橫跨全生活方位的品味代表。

　　1975年取得John Lobb鞋廠授權後，其他包括靴子、織品、帽子的優秀品牌相繼被愛馬仕國際集團網羅。在愛馬仕的14種業務中，依重要性排列，皮革產品居首，接著是絲綢及成衣，製錶位列第四，然後才是香水，餐具，金銀器皿，水晶和珠寶等。

　　值得一提的是愛馬仕的絲巾由於色彩多變、手工考究的絲巾，而成為明星商品。自1937年第一條絲巾問世到現在，愛馬

名牌

仕已推出超過900款絲巾。一條愛馬仕絲巾最多會利用到40種顏色，從設計到完成需要一年半的時間，在出廠前更有超過40人的檢查小組監控每一條絲巾的品質。

■ 尺寸永遠是90x90公分、重75公克的愛瑪仕絲巾，除了可圍在頸間、更可當作手環、頭巾、或繫在腰間與皮包上，是僅次於皮件的熱門商品。

愛馬仕的絲巾尺寸永遠是90x90公分見方，以75克的真絲製成，搭配方式變化多端：可作為腕上的手鐲、可像花束般別在肩上、亦可環繞頸間、或以蝴蝶節繫在皮帶或手提袋上。過去的聖誕節期間，愛馬仕平均每38秒賣出一條絲巾，可見其受歡迎的程度。

■ 愛瑪仕絲巾從設計到完成耗時一年半，最多利用到40種顏色，考究的手工與完美的品質令人讚嘆。

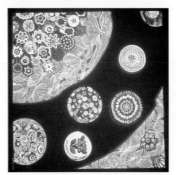

今日愛馬仕集團可分為三個體系，即 Hermes Sellier（皮革用品）、La Montre Hermes（手錶）及 Hermes Parfums（香水），負責人是1978年上任的Jean-Louis Dumas-HERMES杜邁愛馬仕。

愛馬仕在全球擁有186家專賣店、56個零售專櫃，為了維持一貫的愛馬仕品味與形象，所有產品的設計製作、專賣店的格局設計，連陳列櫃都是在法國原廠訂製，才空運至各地，期望保持的是百年歷史的堅持。

## 首席設計師的獨創技巧

於1998年起擔任Hermes女裝首席設計師Martin Margiela（比利時人），畢業於安德衛普皇家藝術學院服裝設計系，曾經在Jean-Paul Gautier旗下擔任助手。後來他自創品牌，以強烈的實驗性風格，走在時代尖端，在歐洲時裝界佔有一席之地。因為他獨特的個人風格和一貫形象優雅的愛馬仕迥然不同，因此雙方的結合特別受到矚目。

愛馬仕集團自1998年新設計師Martin Margiela加入開始，簡單內斂的服裝逐漸受到時尚圈注意，其營業額佔比也日亦攀升，當年總營業總額達60億8千3百萬法郎(約為新台幣304.15億元)，較97年上升20.8%，以穩定匯率計算，營業額增幅應為30%，服飾所挹住的貢獻不少。

最難得的是，集團在所有市場的成長趨勢皆一致，佔愛馬仕約一半營業額的歐洲地區(包括法國)與集團同步，銷售量增長。亞洲方面，由於日本與台灣市場均加強業務的發展，亦是集團總營業額成長的功臣。

最特別的是，Margiela從不在公開場合露面，也不在時裝秀結束後謝幕。因為他認為設計師不需以曝光來表現其設計風

格，消費者追求的是設計師設計出符合他們生活格調與風格的
服飾，而不是他們對設計師外貌的喜好。

特立獨行的風格依舊，但為Hermes設計出來的作品卻收斂
了許多，以最上等的衣料、最精緻的剪裁表現出低調樸實的華
麗，不精心流露出高尚的品味，充分表達Hermes的品牌精神，
也獲得時尚界的高度肯定。

## 【經典歷史篇】

### 你所不知道的凱莉包故事

提到愛馬仕，一定會立刻聯想到經典象徵凱莉包。為何這
麼多女性以一生擁有一個凱莉包為嚮往？

因為凱莉包，從鞣皮、選皮、染色、剪裁到縫合，全部以
手工完成，需花費3天才能完成一個皮包。而且在皮包內側，
還會標示是由哪一位匠師所製，以後要送修、保養，就由同一
個匠師來幫你服務，並且會幫顧客縫上個人英文名字。

這樣講究的製作流程與後續服務，也怪不得它的價格從十
萬到三十幾萬居高不下，必須事先預訂，有時甚至得等上幾年
才能買到。

凱莉包的設計概念緣起於獵人的馬鞍袋。1930年代愛馬仕將其修改成仕女專用的高級手挽包：略成梯形線條、雙袋扣設計、附上短短的半圓形提把。材質從鱷魚皮、駝鳥皮、豬皮到小牛皮一應俱全，尺寸也是大小齊備，適合在各種場合使用。

▌優雅的凱莉包是許多女性一生中最渴望擁有的傳奇，雖然價格不斐，但仍是炙手可熱，全球持續缺貨中，現在購買仍要等上幾年才能拿到。

1956年摩納哥王妃葛麗絲凱莉購買了以頂級鱷魚皮製造、尺寸最大的此款提包，簡潔優雅的外型正好襯托王妃的高貴風華。

某次出席公共場合，正身懷六甲的葛麗絲凱莉在面對熱情媒體時，不自覺地將刻不離身的愛馬仕提包擋在身前，以遮掩隆起的小腹。美國著名的《生活雜誌》恰巧捕捉到這個歷史性的畫面，而成為當期封面，引起世界性矚目與熱烈迴響，一時間愛馬仕凱莉包之名不逕而走。

此後，高貴的葛麗絲凱莉手挽凱莉皮包的優雅景象，深印在所有人的腦海中。

▌凱莉包的材質從鱷魚皮、駝鳥皮、豬皮到小牛皮都有，價格也從十萬到三十幾萬不等。葛麗絲凱莉所使用的是頂級鱷魚皮款式。

## Glitter 【經典歷史篇】

### 巨星的最愛

柏金包是愛馬仕另一款經典之作，其起源相當有趣。愛馬仕行政主席杜邁一次在飛機上偶遇甫為人母的法國女星珍柏金。在交談中珍柏金解釋其不用凱莉包的理由，是因為凱莉包袋身較窄，讓她無法將嬰兒的尿布、奶瓶等雜物同時放進去，使用上較不方便。因此杜邁先生靈機一動，設計出袋身較大、可提可背的柏金包。

▌容量大、可背可提的柏金包，連文件等都可以放入，非常適合上班族使用，更是名模凱特摩斯的最愛。

柏金包有軟硬兩種形式，並有三種尺寸選擇，兼具優雅與實用性。在休閒風潮高漲之今日，適合登機旅行的柏金包更是以易搭配與充滿時尚感受到大眾青睞。此外由於容量大、易放置文件，許多追求品味的職場女性亦把柏金包當作公事包使用。名模凱特摩斯也是柏金包的愛用者之一。

▬ 愛瑪仕於1999年再度以氣質出眾的楊紫瓊為名，推出更具時尚感的楊紫瓊包。

此外，近年來風靡好萊塢的香港女星楊紫瓊，也因獨特的氣質獲得愛馬仕的青睞，特別於1999年為她設計了一款楊紫瓊包（Yeong Bag），比經典的凱莉與柏金包多一份時尚感與貴氣，售價高達新台幣8萬元。

## 【流行線上篇】

### 精緻的現代生活美學

愛馬仕現任行政主席杜邁說：「我不要盲目購買名牌的消費者，我希望她們親自觸摸、嗅聞、鑑賞我們的精品。因為愛馬仕提倡精緻生活美學，唯有經過擁有者個人氣質的浸淫，他才會有生命。」

的確，愛馬仕所有的產品都強調以人為本、及尊重傳統手藝技術的精神，內斂不浮誇的設計，唯有仔細的鑑賞，才能體會箇中的真諦。

## 【流行線上篇】

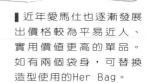

### 新潮流新主張

愛馬仕除了高貴的凱莉包與柏金包外，近年來也逐漸發展出價格較為平易近人、實用價值更高的單品。如外型有如郵差背包，表面打上H型Logo，風格較為時尚流行的Evelyne；造型平實，採用帆布材質並飾以直條紋，休閒風十足深受年輕族群喜愛的Fourre-tout；有兩個袋身，可替換造型使用的Her Bag。這幾款在使用上都很方便，且價格在5萬元內可以買到。

▌近年愛馬仕也逐漸發展出價格較為平易近人、實用價值更高的單品。如有兩個袋身，可替換造型使用的Her Bag。

名牌

【流行線上篇】

## 名牌購物通

愛馬仕的產品囊括品味生活的所有面向,手提袋、旅行袋、手套、皮帶、珠寶、筆記本、手錶、煙灰缸、絲巾、香水、領帶、西裝、鞋飾、沐浴巾、瓷器、男女服飾與桌飾等,無所不有。

愛馬仕的四輪馬車商標是品牌主要識別,通常底下會有HERMES PARIS一起出現,只會在產品內部不明顯的地方看到;而後來發展出的H型Logo則經常出現在皮件的環扣上。

愛馬仕的皮件至今仍以傳統縫製馬鞍的「馬鞍針步」來縫製,利用兩根針與一條線,來回將線穿回同一個針孔的縫法,仔細觀察縫線,可以發現愛馬仕真品的細緻之處。

▌2002年愛馬仕絲巾主題為「手之年」。圖為慶祝酒會,藍心湄為其貴賓之一。

━ 馬鞍針步是愛瑪仕皮件的縫製法,利用兩根針一條線來回將線穿回同一針孔,做工細緻。

## 【入門必購的附件單品】

Hermes真的是個高貴的品牌，一般的皮件至少都是
數萬甚至數十萬元的價位，唯一較

**2000～3000元**

平易近人的選擇就是其香氛系列，
不但香味符合品牌高雅內斂的風
格，售價更只比一般香水貴一到兩成，最新推出的香水
100ml約為3000元，其它較小容量的約在兩千元以內。

不必手挽凱莉包或柏金包，只要繫上Hermes絲巾，
就能把平凡的裝束變得極有品味，
八、九千元的價格，提升的格調與

**8000元～10000元**

優雅是無法衡量的。Hermes的琺瑯
手環與皮質手環，也都在萬元之內，在小地方展現格
調，與Hermes的品牌精神不謀而合。

## 【穿出品昧與風格】

愛馬仕的精品非常昂貴,不管是最有名的凱莉包或是柏金包,都不是一般朝九晚五上班女性所能負擔。不過愛馬仕的絲巾以極優的品質與做工而言,卻相對的較便宜,約八、九千元,是很好的入門單品。不論是當頭巾、領巾、披肩、腰帶、還是其他裝飾,總覺得繫上愛馬仕的絲巾,整個人就優雅高貴起來。

愛馬仕的手錶也有著十分吸引人的價位,且由自己的錶廠生產,不像一般精品錶多為OEM代工,讓妳能以合理的價格擁有愛馬仕的不凡品味。尤其是愛馬仕的皮革非常棒,且完全以手工縫製,因此皮帶錶絕對是最佳選擇!CapeCod的雙圈錶帶,可說是第一家推出纏繞式錶帶的品牌,小尺寸的定價為四萬多元,建議多購買一條不同色系的皮帶替換搭配,一條鱷魚皮帶價格約四千元,多花幾千元就有買兩款錶的感覺。

## 【品牌風華記事】

● 1920年愛馬仕首創將拉鍊裝在皮包及服裝上,第一件拉鍊外套的客人是英國皇太子。

● 1935年35公分的凱莉包上市（1956年正式更名為凱莉包）

● 1936年開始生產香水，現在有Caleche、Equipage、Amazone、Rocabar、Hiris與Hermes Rough等系列。

● 1937年開始生產絲巾，第一號作品為「Jeu des Dmnibus et Dames」

● 二次大戰之後，Hermes開始使用橙色盒子與絲帶包裝產品，四輪馬車與馬童商標也於1945年正式註冊，直至今日已成為永恆的象徵。

● 1956年28公分的凱莉包上市、1968年推出迷你凱莉包、1980年推出40公分的凱莉包。

● 1987年慶祝愛馬仕成立一百五十週年，由當年的主題「煙火之年」開始，每年都發展不同的年題，展現品牌所提倡的生活態度，並作為當年設計的靈感與方向。

● 1998年比利時籍設計師Martin Margiela加入愛馬仕家族，以一向低調的風格作風與追求精緻完美的創意，沒有多餘的設計，卻讓服裝保有愛馬仕集團的優雅氣質，同時展現衣服的機能性與高度的舒適性，是當今持續讓愛馬仕擄獲人心的重要人物。

# LOUIS VUITTON

## 路易威登

帶動旅行藝術的時尚傳奇

**在** 台北街頭看到最多人使用的名牌皮包，首推Louis Vuitton莫屬，雖然仿冒品猖獗，但時尚愛好者卻仍然趨之若鶩。

Louis Vuitton所推出的服飾、鞋子、旅遊用品、手袋和配件系列，展現出創新的現代風範及傳統經典的品味，多年來在時尚界屹立不搖。而優異的品質、極高的實用價值與豐富的搭配性，更是許多名牌新鮮人的入門品牌。

## 【經典歷史篇】

### 旅行標誌的百年風采

Louis Vuitton出生於法國鄰近瑞士的朱拉山脈小村莊，16歲時離開家鄉前往巴黎發展，第一份工作是捆工學徒，專門替貴族捆紮運送長途旅行的行李。

當時的交通以馬車和輪船為主，旅程花費時間甚長，且會在目的地待上數星期甚至數月，參加派對、晚宴、野餐、運動等活動。因此必須攜帶各式各樣的服飾，及許多易碎昂貴的裝飾品，需要專業的捆工負責將這些行李安全送到目的地。

後來Louis Vuitton獲選為法國烏婕妮皇后的專任捆工，從此踏入上流社會，並研究更專精的綑紮技術。

1854年路易威登在巴黎開設全球第一家旅行皮包店，並推出硬木板製造、表面包覆上輕巧美觀布料的托里亞農皮箱，廣受人們喜愛。當時的旅行方式由馬車迅速轉變為鐵路，為順應這種趨勢，Louis Vuitton把托里亞農行李箱上的上部改為平坦，皮箱中備有可移動的儲物格以放置不同物品，並開發出米色與棕色直條紋特殊布料，變成一種適合火車裝載的旅行箱。

　　隨著橫貫美洲大陸的鐵路通車、蘇彝士運河通航，Louis Vuitton不斷針對新的需求開發新的產品，堅固耐用的卓越品質，越使用越有光澤的美麗外觀，吸引了馬契爾王妃、俄皇尼古拉大公、西班牙亞爾方索三世等一流顧客。由於產品太受歡迎，Louis Vuitton在當年就出現了大量的仿冒品。

■ 以旅行哲學為品牌精神的Louis Vuitton，150年來一直順應時代的需求，不斷發展最精緻的旅行用品。當交通工具由馬車過渡為火車時，Louis Vuitton創造出最適合火車裝載的旅行箱。

　　第二代George Vuitton繼承後，同樣開發出許多具創意的產品，如為探險家設計的強韌旅行箱、可兼床用的皮箱、可防蟲蝕的楠木皮箱等。第三代的繼承人卡斯頓更努力開發符合時代且輕便高雅的皮件材質，終於在1959年開發出經過特殊處理的埃及棉帆布，強韌有彈性，能承受機場託運方式且具高尚氣質的特性，受到貴族及高級人士的喜愛。之後更陸續推出手提包、購物袋，以及小型皮夾等實用的皮件。

　　創立134年的Louis Vuitton，已經成為旅遊藝術的標誌，堅持品質優良的植物性處理皮革、堅硬的青銅釦及牢固的縫合，是執守不變的準則。它融合了旅行精神及生活藝術的魅力，使名流貴族為之傾倒，並成為全球家喻戶曉的時尚品牌。

【經典歷史篇】

## 首席設計師的獨創技巧

　　向來只做皮件的Louis Vuitton，為使品牌多元化發展，在時裝上擁有一席之地，從1997年起延請35歲的年輕美國設計師－－Marc Jacobs加入，負責時裝系列的設計，並主導Monogram Canvas、Damier Canvas、EPI Leather及Taiga Leather等皮件系列。

　　有「壞孩子」之稱的Marc Jacobs，紋身、長髮、搖滾裝

扮、作風我行我素，在正式場合也是一頭亂髮、隨意穿著網球鞋，甚至拒絕出席美國設計師協會的頒獎典禮。但是充滿時尚創意的他，獲獎無數，其中包括時裝界之最高殊榮：1987年The Council of Fashion Designers of America (CFDA) Perry Ellis Award for New Talent(美國時尚協會新進設計師大賞)、1992年CFDA Women's Designer of the Year Award(美國時尚協會最佳女裝設計師大賞)及1998年VH1 Award for Best Fashion Designer of the Year(VH1年度最佳設計師大賞)，這樣耀眼的成績也令他獲得了「紐約金童」的讚譽。

98年Marc Jacob為LV所推出的第一場服裝大秀，以「從零開始」的極簡哲學獲得時尚界一致喝采。他用最少的剪裁呈現最奢華的質感，並融入休閒運動精神，造型實用簡單，為傳統老牌LV開啟一個嶄新市場。

之後更將旅行皮件上的經典圖騰，轉化成鞋子、風衣的標誌，表現出新經典精神，也使得他成為LV新精神指標。

【經典歷史篇】

## 你所不知道的行旅箱故事

Louis Vuitton之所以享有今日時尚皮件之王的地位，在於其對品質的堅持。從設計、選料、生產到配銷，全都受到良好

的控制，以保證產品的優良品質。

以選料為例，Monogram系列手提袋，採用一級皮革製造，採激光法切割，並經植物染料處理，這個傳統製造過程，可保存皮料使其歷久彌新。堅硬行李箱的箱框則選用珍藏多年的白楊木，鋪上質料上佳、柔軟耐用的LV標記帆布，並且堅持不使用多塊帆布拼貼，以確保皮箱表面平滑與防水性，再加上獨一無二的鎖扣和堅固的黃銅鑲邊，品質無可挑剔。

在製造過程中，每一個步驟階段都有嚴格品質檢定，因此LV皮件的製作時間比普通製造商多出三倍，且不論產品在法國、西班牙或美國工廠完成，都必須送回法國巴黎統一品檢完

■ Louis Vuitton的行李箱附有專利防盜鎖，每位購買的顧客都有自己專屬的密碼，只要有一隻鑰匙就可以打開自己所有的行李箱。

後才能出貨，以維持
最高的品質。

　　因為對品質如此
的堅持，因此關於
LV的皮件有許多動
人的傳說。據說鐵達
尼號沉沒多年之後，
在一次探勘行動中，

Louis Vuitton行李箱
選用上等白楊木，鋪上完整
未經拼貼的Logo帆布，再加
上堅固的黃銅鑲邊以及青銅
扣，完全以手工製成，品質
無可挑剔。

打撈到一個LV硬式旅行皮箱。雖然沉浸在海中長達數十年的時
間，但這只皮箱仍然完好無缺，裡面所放置的物品竟然也沒有
滲進半滴海水，LV產品的堅固耐用而聲名大噪。

　　而20多年前，有個名流家中失火，衣物大多付之一炬，唯
獨一只 LV Monogram Glace包包，外表雖被煙火燻黑變形，裡
面的物品卻完整無缺，更證明了 LV 產品有防火作用，可長久
使用保存。

　　最特殊的是無論你在任何地方買一只Louis Vuitton的行李
箱，你的名字會立刻被送到巴黎，與其他愛用者並列。而Louis
Vuitton的行李箱都附有一種取得專利的特殊防盜鎖，每位顧客
都有自己專屬的密碼，以後只要再添購Louis Vuitton的行李
箱，都可以指定使用同一個密碼。所以同一個顧客只要有一支
鑰匙就可以打開自己所有的行李箱，而且不會和別人擁有相同
的密碼。

【經典歷史篇】

## 巨星的最愛

許多大明星在出國時都喜歡用LV的旅行箱,一來可以顯示品味與明星氣質,二來真的非常堅固耐用。

喜歡看娛樂新聞的人應該都會注意到,許多大明星訪台入境中正機場時,行李推車上都是大大小小的LV旅行袋,包括濱崎步、蔡琳、席琳狄翁等。而之前港星陳慧琳因背LV仿冒品出席公眾場合而遭批評的事件,更讓人注意到這個聲勢入日中天的品牌。

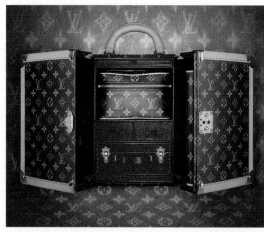

好萊塢巨星沙朗史東曾為協助美國愛滋病研究基金會籌款,設計了三款Louis Vuitton化妝箱作為義賣品。

值得一提的是,好萊塢性感女星莎朗史東為了協助美國愛滋病研究基金會籌款,特別設計了三款Louis Vuitton系列化妝箱,作為反愛滋義賣活動的義賣品,同時也在全球Louis Vuitton專賣店銷售。

莎朗史東以其豐富的旅行經驗,使產品設計充滿實用性並維持了LV的經典魅力,上面並標示著「莎朗史東設計」。

## 【流行線上篇】

### 旅行哲學的新生活時尚

　　以製作旅行用品起家的Louis Vuitton，150年來一直順應時代的需求，不斷發展最精緻的旅行用品。

　　現今在Louis Vuitton的眾多產品線，包括皮件、絲巾、筆、手錶，甚至1998年才推出的服裝系列，都是以講究精緻、品質、舒適的「旅行哲學」作為設計的出發點，將品牌歷史與現代生活相結合。

　　為了同時延續品牌的承諾價值，該公司通過舉辦帆船比賽、出版品牌專屬的世界城市旅行指南，不斷闡釋旅行的意義。

## 【流行線上篇】

### 新潮流新主張

　　Louis Vuitton自98年開始推出服裝，為這個經典老牌開展出新的路線，由於風格較為簡約內斂，因此吸引的族群和瘋狂追逐Logo皮件的消費者相當不一樣。

　　而近年來Louis Vuitton在皮件的設計上，也有相當多的突

**名牌**

破，更擅於製造媒體話題。最大的特色在於將原有的經典款式做變化，讓品牌的觸角與年齡層更加多元廣泛。

最令人注目的莫過於去年與日本著名插畫家村上隆的合作。Louis Vuitton將村上隆充滿童趣與想像力的作品，如花朵、香菇等可愛圖案，與經典的Monogram做結合，發展出完全不同於以往的限量新品。

2003年 Louis Vuitton更推出彩色的Monogram，充滿春天繽紛的感覺，也讓品牌更為年輕化。

▌1999年推出的Monogram Vernis，一掃Louis Vuitton經典款暗沉典雅的顏色，以大膽的粉色系，再度在年輕族群掀起熱潮。

▬ Louis Vuitton經常在經典款上作變化，以增加新鮮感與話題性，圖為2001年所推出的Graffiti塗鴉系列，在最受歡迎的Speedy提包上加上塗鴉文字變化而成。

■ 見過充滿狂想的Louis Vuitton嗎？由Robert Wilson設計，以Louis Vuitton標誌構思的2002聖誕櫥窗，搭配限時限量的同款新皮件，再一次為時尚圈帶來驚喜。

Identification

## 【流行線上篇】

### 名牌購物通

　　LV旅遊皮件精品依物料可分為三大類：以帆布為原料的Monogram與Damier系列、Epi天然牛皮系列、其他物料如製造圍巾、絲巾及旅行毛毯的布料，和製造手錶和筆的金屬。

　　旅遊皮件的種類則包括了：大型行李箱、手提衣箱和堅硬行李箱、半柔軟行李箱、柔軟行李箱、手袋、辦公及文具精品、運動精品、小皮件、私人用品與旅遊用品，以及最近發展出的時裝系列。當然你也可以特別訂製量身訂作的旅遊用品，甚至有人訂製了麻將盒。

　　LV皮件的材質、花紋及Logo是品牌的象徵與代表，每一種圖騰都有其命名，也成為辨識的重要依據：最有名的莫過於由LV字母、四朵花瓣與正負鑽型所組合而成的Monogran帆布，款式有旅行箱、行李袋、旅遊配件及手提包，其小牛皮握把及背包肩帶色澤會越用越潤，並可由是否對花與對稱來辨別真偽。

　　除了傳統褐色的Monogram之外，更陸續推出時髦的新款式，包括針對女性發展出五色亮漆小牛皮的Monogran Vernis、針對男性的深褐亮漆小牛皮Monogram Glace、以單寧布為材質

的Mini Monigram、黑色緞面的Monogram Satin、及帶有時尚金屬風情的Monogram Matte。

深咖啡色及泥黃色格子圖案的Damier帆布也是另一款經典，此圖案共有Colombin手提袋、Arlequin背囊、Clipper旅行袋、Cruiser手提袋、Coteville硬殼公文箱、Boite flacons化妝箱、Poche toilette化妝箱、三款錢包以及2001年推出的新款Sarria與Ipanema。

■ Monogram帆布是Louis Vuitton的品牌象徵，出現於1896年，由路易威登姓名縮寫，搭配四瓣花朵與鑽石圖案，靈感來自歐洲新藝術與日本武士家徽。

2000年更推出使用縮小方格圖形與天然皮革的Damier Sauvage，皮革經過鞣製以保持柔軟，充分展現高貴與奢華氣質，產品有提袋與鞋款；以及手工精細質感極佳的Damier Vernis。

■ 1888年為抑制仿冒品而採用的方格子圖案，後來發展成泥黃與咖啡色格子的Damier帆布，是Louis Vuitton另一重要品牌識別。

名牌

創於1920年的EPI Leather，是挑選優質牛皮，再經染色及壓紋處理後完成，防水性卓越不易刮傷，最明顯的識別是深淺均勻的彎曲壓紋。自近年來推出EPI 2000、EPI Z以及EPI Plage後再度受到注目。

▌EPI是Louis Vuitton另一代表性皮料，特殊的質感是將精緻牛皮染色後，在經壓紋處理，防水性卓越不易刮傷。

其他還有專為男性設計、細緻壓皮紋的Taiga Leather；全部採光滑牛皮Natural Cowhide；以鱷魚皮、鴕鳥皮火蜥蜴皮等罕見昂貴皮革製成的Exotic Leather。

Louis Vuitton的帆布材質凹凸明顯，且防燃防水，顏色會隨著時間而越來越有光澤，仿冒品則表面較為平整且反光度大。光面皮質材料則質地堅實厚挺，仿冒品音皮質差甚至是塑膠皮，所以摸起來較軟。

在車線上也有玄機，真品採用深色臘質麻線，堅固耐用不會脫線，仿冒品則適用一般淺色麻線。

▬ Monogram除了傳統帆布外，亦有各種變化，圖為Logo呈立體造型的Monogram Metal。

■ Louis Vuitton的皮件相當
重視細節，在金屬扣上都會印
有清晰細緻的Louis Vuitton
字樣，若是仿冒品則刻痕較
淺。

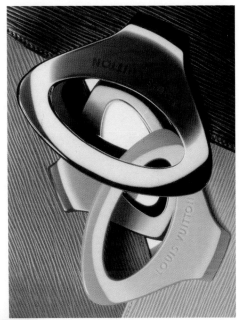

■ 接受客人特別訂製旅行用品的
Louis Vuitton，除了常見的各式
尺寸旅行箱，甚至製作過麻將盒。

■名牌■

shopping

## 【入門必購的附件單品】

Louis Vuitton的Monogram與Damier帆布系列，許多
小東西價格都不算太高，例如名片
夾、鑰匙包、手機套等都在五、六千
元左右，對於想入門名牌的社會新鮮
人來說負擔並不會太重。

**5000～6000元**

其實Louis Vuitton的包包與其他名牌相比，價格並
不特別突出。以一般傳統Monogram帆布來說，只要隔間
不太複雜、尺寸不算過大的包包，
在兩萬元內都可以買到。以最受歡
迎的Speedy來說只要一萬多元，但
其堅固耐用的品質卻可以使用非常久，而且不會褪流行
或過時，適合多種場合，工作或休閒皆宜，投資報酬率
相當高。

**10000元～20000元**

## 【穿出品昧與風格】

歷史悠久的Louis Vuitton皮件，款式多樣尺寸齊全，非常容易可以找到與自己平實風格相配的單品，而且在頂級名牌中價格合理，絕對是都會人士的最佳選擇。

雖然現在台北街頭到處可見人手一袋LV，尤其是容量大好搭配的Speedy，不過仿冒品猖獗，但它出色的設計感與嚴謹的製作功夫，還是非常值得購買的單品。

建議上班族可以購買一個LV的名片夾與記事本、男士更可以擁有一個鑰匙包，就些都是幾千元就可以買到的實用配件，從小地方輕鬆提昇在職場的品味與氣勢。

若您不屬於瘋狂追逐最新流行的族群，還是選擇經典款的Monogram或Damier圖案，比較容易搭配且不會有過時的疑慮。

Turning Point

## 【品牌風華記事】

● 1888年爲抑制仿冒品，開始採用方格子圖案的新設計，並貼上「Marque L. Vuitton Deposee」路易威登註冊商標，是全世界第一家將品牌名稱印在產品上的公司。成爲後來著名Damier Canvas圖案的前身。

● 1896年喬治威登創造了LV的經典象徵：Monogram帆布。以父親名字的縮寫L.V.，搭配四瓣花朵與鑽石圖案，其靈感來自盛行於當時的歐洲新藝術與日本武士家徽。獨特的設計風格，立刻受到歐洲貴族與上流社會的喜愛。這款經特殊處理、強韌可水洗的帆布，至今仍廣泛地使用在各式軟硬旅行皮件、手提皮件以及小配件上，成爲LV的代表圖案。

● 1898年在南北美洲、印度、亞洲設立代理店；1908年於尼斯設置法國本土的分店，開始成爲世界性企業。1914年將總店移至香榭麗舍大道，1954年再度遷移至凱旋門附近的名品區馬索爾大道78號，成爲現在聞名於世的Louis Vuitton本店。

● 1987年Louis Vuitton加入法國最大精品集團LVMH Group，開始朝多元化與國際化經營。

● 1997年美國設計師Marc Jacob加入LV成爲首席設計師，98年首度爲LV推出服裝精品系列，「由零開始」的簡約風格頗受

好評。

● LV攻佔亞洲70%的高級皮包市場，其中日本就佔LV全球營業額的一半，高達十億美元。2002年因應日本市場的蓬勃發展，於東京表參道設立全球最大旗艦店，這是LV在日本開的第44家店，也是第七家「全球旗艦店」，各式貨品和貴賓獨享的配件齊全。

# PRADA

普拉達

現代極簡主義的時尚傳奇

$\mathcal{P}$rada 從80年代末嶄露頭角至今不過10年出頭，卻已經成為高級時尚中的超人氣品牌，從滿街可見的仿冒品可知其受歡迎的程度，當然願意從口袋裡掏出大把鈔票購買正品的更是大有人在。

1990年度營業額不過5000萬美元，2000年遽增至15億美元，如此爆炸性的成長，主要歸功於Prada的設計與現代生活型態水乳交融的特質：用黑色尼龍布製成的各種手袋、皮鞋與配件，實用好搭配的極簡主義，獲得人們熱烈喜愛與好評。

## 【經典歷史篇】

### 黑色尼龍包的流行風采

滿街可見人們背著Prada的黑色尼龍包，但很少有人知道Prada是以高級皮件起家的。

Prada創辦人Mario Prada在1913年於米蘭成立了品牌，開始設計生產旅行用皮包、旅行箱、皮件與化妝箱等。所有的設計與製造都使用最高級的質材與最精緻的手工技術細心完成。

為追求完美的品質，在交通不方便的當時，仍堅持從英國進口最高級的銀、向中國進口最好的魚皮、從波希米亞運來水晶，甚至將設計的皮件交由一向以嚴控品質著稱的德國生產，

精緻的品質在當時相當受到歐洲王公貴族的喜愛。

　　之後Prada沉寂了很長一段時間，持續經營到
七十年代，面臨Gucci、Hermes等高級皮件品牌
的競爭，Prada幾乎瀕臨破產邊緣。此時
Mario27歲的孫女Miuccia Prada與其夫婿Patrizio
Bertelli接掌了這岌岌可危的事業。

　　這對夫妻可說是難得一見的最佳拍檔：具品味的Miuccia主
設計，重邏輯的Patrizio主生意發展，兩人在自己所善長的領域
各展長才，從此逐漸帶領Prada進入前所未有的高峰期。

▌以尼龍包走紅的Prada，其實是以作工精緻的高級皮件起家的。

　　Prada堅持最好的品質才能擁有品牌的註冊商標，因此不論
是皮包配件或是服裝，所有的產品創作與製造均以獨立作業方
式，並經過義大利Tuscany工廠的品質控管，以達到完美的品
質，也因此穿起來是如此的舒適。

▌Prada的旗艦店遍佈世界主要城市，櫥窗陳列一如其設計風格－優雅簡約。

　　現在的Prada已是系列
完整的精品王國，旗艦店
更是遍佈世界各地。從米
蘭、巴黎、紐約、洛杉
磯、香港、東京到雪梨，
其融合極致品質與現代極
簡的精神，讓Prada狂潮在
全球繼續延燒。

## 首席設計師的獨創技巧

　　年輕時代的Miuccia Prada對家族事業並無興趣，在學校拿到政治學博士學位，如同當時眾多知識分子一樣致力於左翼運動，甚至成為一個共產黨員，也曾經加入藝術學院學習滑稽啞劇，立志成為一名演員。

　　後來她漸漸發現這些都不是她真正想要追求的，她真正嚮往的是收藏在母親衣櫃中不受流行左右由著名設計師縫製的高雅服裝。　因此Miuccia Prada放棄了政治也放棄了演員夢，開始逐步參與家族企業的設計工作，並於1978年28歲時正式從母親手中接過由祖父傳下來的公司。

　　由於家族淵源，Miuccia 繼承Prada的事業，似乎順理成章，也迅速進入情況。當時的Prada頗顯陳舊，因此Miuccia Prada將「傳統與現代的融合」作為奮鬥的目標。

　　她的設計無論在剪裁或縫製上，都能夠賦予衣服特殊的感覺，最重要的是她是極簡主義的徹底實踐者，所以作品總是帶有冷靜又精緻的質感。在講求舒適簡單的時代，Prada可說是對了大眾的口味，她的尼龍黑色雙肩背包，幾乎風靡全球。同時也將直筒窄肩的剪裁線條推上流行的高峰，營造出細膩優雅的

女性性感風格。

　　想像力豐富、創造力十足的Miuccia，為有別於Prada成熟的風格，更發展出Prada的年輕副牌－－Miu Miu。此一命名由來相當有趣，取Miuccia名字前三個字母，同時也是她的小名，就成為這個當紅的品牌－Miu Miu。

　　在Miu Miu這個品牌裡，所有的概念都是年輕、可愛的，塑造出如女孩般的夢幻風格。近年來所流行過的小女孩式連身洋裝、黑白相間乳牛包、娃娃鞋等「Child Women」風格，都是Miu Miu所創造的風潮。

■ 設計師Miuccia充滿巧思，傳統的黑色Logo包也有流行新色彩。

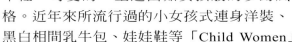

【經典歷史篇】

## 你所不知道的尼龍袋故事

　　1978年才開始擔任Prada設計師的Muccia，80年代初期就設計創造了Prada最受歡迎的單品－－倒三角標誌的黑色尼龍提袋，讓Prada迅速登上世界超人氣流行品牌地位，與Gucci分庭抗禮。

　　據說Miuccia使用的是義大利空軍降落傘使用的材料，之前

名牌

■ Prada著名的尼龍包除了
傳統黑色外，亦有多種不同
色彩與型態，少見的手提袋
系列充滿設計感。

從來沒有哪個名牌敢使用這種「廉價」質材，因為尼龍布和一般品牌常用的皮革、喀什米爾羊毛比起來價值相差甚遠，但它既輕又耐用，黑色略帶光澤的色調，加上極為簡約的設計，不管和正式或運動休閒服裝搭配起來都夠速配，正是品味人士喜愛的低調風格，因而迅速在時尚圈流行起來，基本款的黑色尼龍包更成為永不退流行的代表。

Prada靠著這只尼龍包賺到享譽世界的名氣和財富。充滿時尚感又兼備實用的機能性，連紐約名設計師Donna Karen也是Prada的愛用者，經常背著黑色尼龍布系列的Prada包包出門。

## 【經典歷史篇】

### 巨星的最愛

PRADA優雅簡約的國際都會風格，向來起用西方模特兒作為代言人，但卻在1998年的形象廣告中，起用亞洲人氣偶像金城武拍攝。Miuccia Prada表示對PRADA來說，形象是一種世界性的東西，無分種族國界。選用金城武的原因，是因為他具有一種很當代的斯文氣質，相當符合PRADA的品牌精神，並非出於市場訴求，也非由於金城武的東方背景。當時在國際版服裝雜誌上看見金城武的八頁 PRADA形象廣告，證明了Prada不僅適合西方人，東方人也能穿出屬於Prada獨特的都會簡約風格。

## 【流行線上篇】

### 簡約年輕的生活美學

在90年代崇尚極簡的風潮中，Miuccia所擅長的簡潔、冷靜設計風格成為服裝主流，巧妙地保持機能與美學的平衡，低調但質感細緻，簡約卻細節豐富，極具藝術氣息。

大多數名牌奢華有餘，但缺少時代的氣氛，而Prada則較不重視材料的處理，強調的是精湛技藝與作工，不但展現潮流的演變，同時也呈現出新世紀的未來感。

雖然近年來強調品牌風格年輕化，但品質與耐用水準依舊，特別注重完整的售後服務，這是以高級皮革製品起家的Prada，至今仍堅持的傳統。

■ 簡約、冷靜是Prada服裝的主要風格，低調卻具質感，深受年輕都會人士喜愛。

## 【流行線上篇】

### 新潮流新主張

▋1995年才開始推出的男裝,帶領使用彈性尼龍布料,剪裁與做工充分突顯男性的線條與都會氣質。

▋倒三角Logo是Prada的象徵,但近來在皮件的設計上卻逐漸趨向內斂,將Logo隱藏到側面、背面甚至夾層中。

Prada近來在皮件的設計上,逐漸將其著名的傳統倒三角商標藏起來,隱匿到側面、背面乃至夾層中,簡約中多了一份內斂的氣質。

現在強調高科技也是Prada的特質之一,於1997年推出的Prada Sport系列,即大量運用高科技化學纖維質材表現機能風格,並於每季加入新的流行元素,Smart Casual風格則受到都會人士熱烈歡迎。

最近的女裝更以Mix and Match為主題,重新詮釋過往代表性的抽象元素:高科技尼龍上衣、輕巧的透明雨衣、襯以皮草、鱷魚皮等衿貴布料,展現感性與世故韻味。

## 【流行線上篇】

## 名牌購物通

　　Prada旗下產品包括了男女服裝、皮件、配飾、鞋款、運動服、內衣、眼鏡、保養品等，可說是相當齊全。除了流行款的變化較多之外，基本款如黑色的套裝與黑色尼龍包是永不褪流行的選擇。

▌Prada有時也會玩Mix and Match的遊戲，在簡約的設計中採用高級的皮草，展現不同的風情。

　　因爲深受消費者喜愛，加上設計風格簡單大方易模仿，理所當然成爲模仿商的最愛：只消一個黑色尼龍包加上倒三角的Mark，就成爲一個流行的代表。因此學會辨識Prada的眞僞是重要的基本功課。

　　倒三角形的鐵皮標誌只有在Prada皮件系列產品上會出現，上面除了PRADA之外，在其下方還會有一行標示品牌出生地－－MILANO的小字，以及創立品牌之年份1913，若少了一個字就不是眞正的Prada；而眞皮皮件有時會以燙壓的方式將Logo烙印在表

面；服裝則因簡約的設計走向，除了布標外，較無明顯的辨別方式。

帆布類產品，真品的材質較挺，不會有皺皺垮垮的感覺，光澤度也較高，不會褪色。其包包內部的印花也是辨認重點，高級仿冒品也會有印花但印得較淺且模糊。

真正的Prada產品在購買時會附上一張白色塑膠材質的保證卡，上面標有產品材質、顏色、以及購買時間與地點。憑這張保證卡即可享有全球Prada專賣店的售後服務。

▌服裝布標與鞋內大寫PRADA
字樣是品牌另一重要識別。

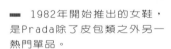

■ 1982年開始推出的女鞋，
是Prada除了皮包類之外另一
熱門單品。

shopping

## 【入門必購的附件單品】

Prada帆布系列的各式小型包,如化妝包、小提包、
零錢包等,都只要五千至一萬元內,
**5000～8000元**　Logo既明顯又實用,最能代表Prada
的風格。

眞皮的Prada包包售價較貴,至少要兩萬元以上,對
於入門者而言負擔可能太重,建議可以先從帆布包包系
列以及Logo皮夾開始購買,多數在
一萬多元的價格,質輕耐用、又能　**10000元以上**
充分展現Prada的風格。Prada的鞋款
也很具代表性,皮質優質感佳,深具都會洗練感,多在
兩萬元以下可以買到。

## 【穿出品味與風格】

　　雖然街頭到處可見Prada尼龍包的仿冒品，但它仍是非常值得推薦的經典之作。Prada真品所選用的尼龍布質輕結實，不易破損，且容易清洗，是真正結合時尚與實用的一款設計。

　　特別推薦飾有倒三角Logo的黑色尼龍化妝包，不但大小適中可以塞進所有需要的化妝品，且非常輕巧，不會增加太多重量負擔，不小心沾到化妝品時又非常容易清洗，實在是非常理想的材質，且價格平易近人又可滿足使用名牌的品味。

　　旅行包也是不錯的選擇，因為質輕，方便攜帶移動，且堅固耐用，可隨地放置，不必特別費心思照顧，是旅行最佳良伴。

## 【品牌風華記事】

● 1978 年Muccia接掌Prada，使得原本岌岌可危的家族企業產生轉機。

● 1982年推出Prada女鞋系列。

● 1985年推出風靡全球的倒三角Logo黑色尼龍包，成為人人必

備的時尚單品，也成爲仿冒品的最大宗，Prada這個品牌從此無人不曉。

● 對於服裝十分謹慎卻也相當有企圖的Miuccia直至1989年才推出女裝處女秀，在一片奢華風中，獨特的簡約反潮流傾向，讓時尚界眼睛一亮，並贏得了評論界的讚美。

● 93年Miuccia Prada推出年輕化的副牌Miu Miu女裝，贏得了美國服裝設計師協會的國際服裝設計師佳獎。

● 95年推出年輕化男裝，帶領使用彈性尼龍布料之先趨；之後更陸續推出Prada Sport、Miu Miu男裝，服裝路線逐漸發展完整。

● 2000年推出Prada眼鏡與Prada Beauty系列。時尚精品領導品牌進軍保養品界，引起廣泛的注意與好奇，Prada以強調旅行式獨立包裝的概念，以及完全的白，表現其品牌所重視創新與簡約。

# Salvatore Ferragamo

菲拉格慕

創造鞋子的浪漫傳奇

製鞋聞名的Salvatore Ferragamo，數十年來一直以獨樹一幟的造型、精湛的手工藝、以及注重人體工學的舒適度，受到紳士名媛、時尚人士的喜愛。

許多好萊塢明星不管戲裡戲外都穿著Ferragamo的鞋子，包括《羅馬假期》中的奧黛麗赫本、《艾薇塔》中的瑪丹娜、以及許多義大利紅星。而Ferragamo的皮件、服裝都以典雅著稱，質感十足。

## 【經典歷史篇】

### 革新造鞋藝術的優雅風采

Salvatore Ferragamo於1898年出生於義大利南方小鎮博尼圖，從小就立志要成為一位鞋子設計師，9歲時設計出生平第一雙鞋，作為其姊姊通勤之用。雖然當時鞋匠被視為是低微的工作，但他仍不顧父母的反對，隨兄弟赴美國發展。

1914年他在好萊塢開設了第一間以純手工製鞋的專門店，開始為好萊塢設計電影裡所需之鞋款：牛仔靴、羅馬與埃及式涼鞋以及為女明星設計的優雅皮鞋。

1923年起Ferragamo成為好萊塢紅星的造鞋師，Rudolph Valentino、Gloria Swanson、Kpam Crawford都是其忠實愛用

者。隨著迷你裙的流行，Salvatore也開始更大膽的設計，開放並降低鞋子的線條，創造出世界第一雙涼鞋，顛覆以往密封式並有大量花邊的傳統鞋面設計。

為因應業務的發展，Salvatore急需手藝精湛的工匠，他回到義大利佛羅倫斯設立工作室。這個工作室位於一座13世紀的宮殿中，至今仍是總公司所在地。他的名聲迅速傳播至歐洲各地。

1936年國際聯盟抵制由墨索里尼所領導的義大利，原物料的取得變得相當緊張，製鞋所需承托足弓的鋼片與皮革均被軍隊徵用。這些困難反而激發了Salvatore的創意，他開始使用金屬線、木料、毛氈、近似玻璃的合成樹脂等材料，這些新穎的設計在二次大戰期間深深擄獲女性的

■ 製鞋大師Salvatore Ferragamo以精緻的手藝創造出兼具美感與舒適度的鞋款，創造了時尚界的製鞋傳奇。

■ 已發展至第三代的Ferragamo，是現今少數仍維持家族經營的品牌。左邊坐在椅子上的為Wanda Ferragamo。

名牌

心。而1947年隱形涼鞋的設計更爲Ferragamo贏得時裝界的奧斯卡金像獎——Neiman Marcus Award，他是首位贏得此殊榮的鞋匠。

著名的厚底涼鞋，鞋底的軟木塞材質是因應戰爭物資缺乏所激發出之靈感。

Salvatore Ferragamo於1960年去世，由妻子Wanda Ferragamo與6名子女繼承他的事業。稟承傳統發揮創意以及在品質上力求完美是Ferragamo家族堅守的原則，他們這一代將以造鞋工藝起家的Salvatore Ferragamo，擴展至皮件、絲巾、眼鏡、香水與男女裝，成爲義大利最具代表性的時尚品牌之一。

【經典歷史篇】

## 你所不知道的鞋子故事

Salvatore Ferragamo的價值不僅在於出色的設計，更可貴的是結合時尚感與穿著舒適度的完美工藝。

著名的18K金涼鞋，爲中東石油大王太太製作，鞋跟與鞋底上有繁複華麗的刻花。

20年代，Salvatore爲了尋找製造出「永遠合腳的鞋」之秘訣，甚至在加州大學洛杉磯分校修讀人類解剖學，發現人體的重量全部集中在足弓的部分，因此在製鞋時必須特別注意此部分的支撐。另外他還旁聽了化學工程與數學等課程，這些知識有助於了解足部舒適原理與不同物料的特長與使用技巧。

Salvatore Ferragamo所製造的鞋子舒適耐穿，著重自然平衡，絕不會使足部變形，獨具創意的設計，很快地成為名媛淑女的時尚潮流，客戶從世界各地湧入佛羅倫斯，要求Ferragamo為他們量身訂作最適合自己的鞋子。

至今義大利總部Palazzo Feroni Spini仍保有嘉寶、蘇菲亞羅蘭、瑪丹娜、溫莎公爵夫婦等名人所留下的鞋楦。雖然今日這些鞋子不再是純手工製，仍然有最齊全的尺碼與楦頭選擇，同一款鞋有超過一百種尺寸，而每種尺寸有六種楦頭寬度，提供最符合顧客需求的鞋款。

針對木楦的製作，Ferragamo更是付出極大的心血。每個新系列的產生都會依照鞋款的線條、材質、鞋跟高度與足弓的弧度，進行長達五十天的檢測與計算。

每雙Ferragamo鞋子從製造到完成需要十天的時間，其中五天花費在將鞋子固定在木楦上。其生產流程又可分為134個階段，雖然隨著訂單大量增加無可避免地實行相對機械化，但每個階段均由經驗豐富的工匠控管，且最後的完成階段仍是由最頂尖的工匠以手工完成，無損於其對品質、功能、舒適、原創性與細節的嚴格要求。

▌以手工製鞋起家的Ferragamo，每款鞋有超過一百種尺寸、每種尺寸有六種楦頭寬度，做工講究細緻，從Ferragamo親手繪製的設計草圖中可見一般。

▌影星蘇菲亞羅蘭是Ferragamo的忠實顧客，至今義大利總部仍保有她的鞋楦。

名牌

Glitter

## 巨星的最愛

Salvatore Ferragamo與好萊塢一向保持相當密切的關係。

1996年瑪丹娜在電影艾薇塔中所穿的典雅復古鞋即出於Ferragamo之手，鞋子的款式是參照50年代Savatore Ferragamo原本為阿根廷第一夫人Evita Peron所製作的鞋子。為求接近原始的感覺與真實性，每一雙鞋子都是仿照原來鞋樣的材質與手

■ 瑪丹娜在電影艾微塔中所穿的復古鞋款全部出自Ferragamo之手

工，充分地反映了當時的時尚流行。

由茱莉芭蒂摩所主演的電影灰姑娘
（Ever After）中關鍵的玻璃鞋，也是
Ferragamo所設計的。整雙鞋以銀灰
色的絲綢材質製作，鞋跟則為透明的
塑膠玻璃，表面全部鑲上銀色及藍色的威尼
斯傳統手工藝玻璃珠片作為裝飾，此雙鞋全部以佛羅倫斯傳統
純手工製成。

▌鑲滿玻璃珠片、
為電影灰姑娘專
屬設計的鞋款。

最經典的鞋莫過於1959年為瑪麗蓮夢露
在電影Let's Make Love所特別量身訂作的
尖頭包鞋，高達11公分，小羊皮麂皮材質
鞋跟，鞋面鑲滿了紅色的施華洛世奇水
晶，於1999年推出限量版本，並於瑪麗蓮夢
露個人珍藏物品古董拍賣會中以42,000美金高
價得標。

▌為瑪麗蓮夢露量身訂
作的鞋款，鞋面鑲滿紅
色施華洛世奇水晶，
1999年以$42000美金高
價拍賣得標。

奧黛莉赫本最愛的平跟芭蕾舞鞋更已成為
品牌識別，至今仍是Ferragamo歷久彌新的經典設計，近年重
新推出再度創下高銷售成績。

▌Ferragamo最經典的鞋款－
－赫本鞋，讓人永遠記得奧
黛莉赫本在羅馬假期中的俏
皮模樣，時至今日依然不退
流行。

Style

## 【流行線上篇】

### 實用精緻的生活時尚

　　雖然Ferragamo本人已與世長辭，但在其所重視的工藝技術、講究細節與追求創新，至今仍是整個家族的主要堅持。不論是鞋子、衣服或是配件，都以結合實用與流行為設計基礎。

　　雖然近年延攬了Prada的前助手Marc Audibet與前 Saks Fifth Avenue的 Nicole Fischelis加盟，協助總管時 裝 的 Giovanna Gentile Ferragamo，作品逐漸趨於年輕時髦化，但仍展現出優雅端莊的氣質。

　　■ 首創鏤空鞋跟設計，金屬製的鞋跟華麗而穩固。

▌鏤空拖鞋式高跟鞋可以搭配各色鍛面鞋套，首創一鞋多穿的創意。

## 新潮流新主張

　　Ferragamo成功地在2001年炒熱了品牌於1972年推出的另一經典：絲巾。不同的穿法可以讓一條絲巾展現出不同的優雅風情。在羅馬假期中奧黛麗赫本將絲巾圍在頸際，活潑俏麗；名模吉賽兒將其如髮帶般繫在前額，流行前衛；摩洛哥王妃葛麗絲凱莉則將絲巾綁在腰間，優雅動人；賈桂林甘迺迪歐那西斯則別出心裁的綁在手袋上作為裝飾，充滿都會情趣。這些不同時代的美人，同樣以Salvatore Ferragamo絲巾、「穿」出千變萬化的風情。

　　Salvatore Ferragamo的絲巾做工精緻，每季設計師費盡心思，從多款新設計中選取最精緻的圖案，再按比例繪成草圖，及手工上色，再由專家分析絲巾的用色。為了貫徹Salvatore Ferragamo的經典用色及設計，每個設計最少有十六種顏色分類，並且每種顏色要分別印在底片上，這個步驟是不容有失誤的。

　　被選擇的設計及用色，會於布料上試印，並在專用的洗衣機以攝氏一百零二度作洗水測試，風乾後依顏色的變化再作調校。之後將布料的水份蒸發，再一次測試顏色效果。而後期的剪裁及包裝程序，一樣一絲不苟。

由設計概念的誕生到一條絲巾的製造，要經過多方面專家多月的努力研製，如藝術品般的Salvatore Ferragamo絲巾於焉誕生。簡簡單單的一條絲巾，也能變出多款花式，增添名牌時尚氣息，已成為必備的潮流配件。

## 【流行線上篇】

### 名牌購物通

現在Ferragomo旗下產品雖然較以往廣泛，除了鞋子之外，尚有手袋、皮件、絲巾、領帶、男女服飾，但生產原則仍與六十年前的堅持相同。

所有的Ferragomo標誌的產品均直接由母公司出產。即使在義大利有多間附屬工廠多年來專為Ferragomo生產，作品完成後還是必須送回總公司進行品質檢查，然後才分銷到不同市場。Ferragomo的logo會以兩種型態出現：手寫簽名體會出現在服裝布標或皮件不明顯處，弧形大寫體則會出現在經典鞋款的鞋底。其馬蹄型金屬扣環則經常出現在皮件上，是相當容易識別的標誌。

由於Ferragamo的Logo並不明顯，且品牌以作工取勝，因此市面上很少見到仿冒品，在二手或拍賣市場也不多見，想要買Ferragamo還是得到專賣店去才行。

## 【入門必購的附件單品】

Ferragamo雖然不是屬於最昂貴的品牌族群，但由於小配件不多，因此並沒有特別便宜的單品，定價屬於中等合理級。想要體驗Ferragamo品牌精神者不妨由其得過FiFi香水大賞的女性香水開始，定價與市售一般香水差不多，約一、兩千元。

**1000～2000元**

雖然以製鞋出名，但Ferragamo的鞋並不特別貴，一萬五千元內就能買到經典的赫本鞋與一般優雅鞋款。與Hermes齊名的絲巾，價格較Hermes稍低，約為六至八千元，也是蠻值得投資的單品。具有品牌象徵意義又實用的皮夾，依不同皮質價格約在一萬元出頭，相較於其他品牌非皮質系列算是物超所值。

**6000元～15000元**

Coordination

## 【穿出品昧與風格】

　　以製鞋聞名的Ferragamo，鞋體平衡性好、與腳吻合舒適，即使是相當高的高跟鞋也不會覺得行走不便，實用性高、不易出錯，是購買名牌鞋的入門最佳選擇。

　　尤其是赫本經典芭蕾舞鞋與蝴蝶節矮跟包鞋，前者搭配復古洋裝、後者搭配上班套裝，都是非常有格調端莊的Salvatore Ferragamo Look。

　　Ferragamo皮件的皮質與做工都相當精緻，尤其是皮夾，內部分層設計考慮實用性，不論是放置鈔票、零錢與信用卡都相當方便，且金屬扣環相當具有時尚感與品牌識別，考慮價格與功能，是非常值得購入的單品。

　　針對預算有限的消費者，不妨先從香氛體驗Ferragamo精緻典雅的品牌精神，1998年推出的Salvatore Ferragamo pour Femme，融合古典與當代的清新花香調，甫推出即獲得義大利香水協會大賞，是一瓶相當具有風格的香水。

Turning Point

## 【品牌風華記事】

● 20年代末期Salvatore Ferragamo在義大利佛羅倫斯的店舖員工達60人，是第一個大量生產手工鞋的人。

● 二次大戰後Ferragamo創造出許多令人難忘的作品：因瑪麗蓮夢露而聲名大噪的鑲金屬細跟高跟鞋、18K金涼鞋、F型鞋跟及鞋面以尼龍線穿成的隱形涼鞋，都是設計史上的經典。

● 50年代Salvatore Ferragamo的名聲已蔓延至全世界，700位員工每天生產高達350雙手製鞋子。國際影星嘉寶、英格麗褒曼、蘇菲亞羅蘭均曾親自前往總公司訂鞋。

● Salvatore Ferragamo自1960年去世至今，公司已發展至第三代，雖然不斷求新求變、並朝年輕化發展，但Ferragamo仍是少數維持家族經營的公司，並不向外發出生產許可證，嚴守品質與家族精神。

# Part

# II

資訊與流行如同形影不離的戀人，試探著彼此的流傳魅力，
邀請所有對流行資訊極度敏銳的人來檢驗

# 1.website 網站
## 無空間距離之資訊網路秀

　　網站的普及對時尚迷而言真的是個好消息，不但可以同步觀賞巴黎、米蘭等最新時尚發表會，了解各大品牌當季所有商品設計特色，更可以透過網路購物輕鬆迅速購買名牌。網路最大的特色就是互動式與蒐尋功能，可以選擇不同的分類找到自己感興趣的內容，更可透過關鍵字或品牌的查詢，發現自己喜歡的風格與商品。

## Official Website
### 【官方篇】

**最新最炫的名牌官方網站**

　　名牌官方網站是獲得名牌最新資訊、最佳也是最方便的管道之一。各大名牌網站所提供的內容不盡相同，但基本上一定會有當季最新的服裝資訊，在秀場中展示的每一套服裝，都巨細靡遺的秀在網站上，有些甚至可以播放Fawshion Show Video，讓你有身歷其境的臨場感。

　　此外，大部分的名牌官方網站都有專區介紹品牌歷史、品牌現況、設計師、產品線、最新動態、以及全球專賣店地址，幾乎所有關於該品牌的資訊都可以在官方網站中找到。

由於是品牌自己製作的內容，因此相當詳盡，比起媒體擷取的報導，更能展現品牌的風格與精神。可惜的是，這些名牌官方網站全部以英文及發源國語言為主，多半沒有中文網頁，因此對英文不熟悉的人讀起來會較吃力。

　　但值得一提的是，由於名牌最重視的便是品牌形象，因此官方網站的設計與視覺效果，都非常地突出別緻，以符合其品牌的定位。有些大品牌官方網站的呈現甚至可以媲美電影的質感，讓人不得不佩服這些品牌珍惜品牌形象的努力與堅持，光是欣賞那些賞心悅目的影像，就讓人覺得非常滿足。對於自己有興趣的品牌，不妨定期上網瀏覽，因為各品牌每季都會更新官方網站內容，絕對可以發現意想不到的驚喜喔。

## ★ Burberry 帛柏利

**網址**：www.burberry.com
**語文**：英文

--------------------------------------

　　一進入Burberry的官方網站，迎接你的就是品牌象徵－－駝色的格子花紋，經過短暫的Flash效果後，閱讀人的心情已經非常Burberry了。

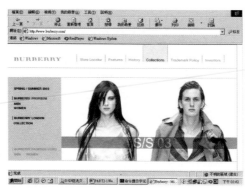

名牌

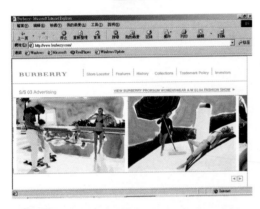

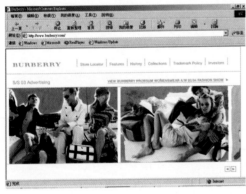

Burberry的網站所提供的資訊包括：

● Advertising（廣告）

完整呈現當季的平面廣告畫面，訴說的是反映倫敦與紐約上流階層生活的「家族私人派對」，讓家族成員每個人都穿戴上Burberry的服飾。

由於我們在不同的雜誌廣告上只能看到不同的擷取畫面，因此這個單元可以滿足消費者一次看到完整廣告的好奇心。

● Features（最新消息）

展示最新設計師男女裝，最新活動以及最新旗艦店開幕消息。

● History（品牌歷史）

以年表方式介紹Burberry自創立以來的重要里程碑，搭配歷史性的照片，非常有氣勢磅礴的史詩感。

● Collection（設計展示）

展現Prorsum與London兩系列的當季男女裝設計。

● Store Locator（專賣店訊息）

可依國家與城市搜尋。

# ★ Chanel 香奈兒

網址：www.chanel.com
語言：法文、義大利文、英文、日文、韓文

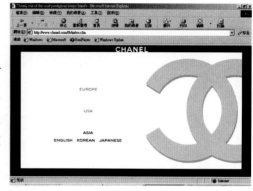

香奈兒竟然有韓文網站，真是讓人嚇了一跳，可見Chanel在韓國真的賣得很好，不然2002 Chanel的亞洲大秀也不會捨棄日本和香港，而跑到韓國舉辦了！

Chanel的網站和其品牌本身一樣，具有莫名的魔力。一開始由當季的服裝主題所構成的片頭介紹，巧妙地帶領讀者進入Chanel動人的世界，相當具有攝人心扉的效果。

其高貴的黑色背景、電影播放式的狹長畫面，及巧妙的3D動畫效果，將Chanel的產品、設計、以及動人故事，流暢地娓娓道來，讓人不禁讚嘆：真不愧是獨一無二的 Chanel。

網站的內容相當豐富，全部瀏覽一遍彷彿是部精緻電影：

● Timepiece & Fine Jewelry　（手錶與精緻珠寶）

此單元詳細介紹Chanel各款手錶與珠寶設計，手錶部分包括了最新的J12運動錶、圓形鑲邊的LA Ronde　A菱格紋錶帶的Matelassee、方形表面的Mademoiselle、以及八角形表面加金屬環錶鏈的Premiere系列；珠寶則有Comet、Matelassee、Symboles、Baraque、Concepts以及Engagement系列。

● **Fashion（流行服裝）**

此單元可以觀賞最新的服裝秀影片，巴黎秀場直擊輕鬆盡入眼底。Chane1迷更可在這裡下載電子卡片與電腦桌面圖案，將Chane1的時尚魅力寄送給親朋好友。由此也可以找到Chane1全球專賣店資訊。

● **Eyewear（眼鏡）**

包括了各種款式的太陽眼鏡與矯正型眼鏡；另外還可以下載電腦螢幕保護程式與寄送電子卡片。

● **Inside Chanel（香奈兒小傳）**

在這裡可以找到CoCo Chane1一生的故事，她的出生、她的天份、她的熱情、她的桀傲不遜、與她的傳奇。動人的故事搭配黑白的歷史照片，彷彿進入了時光隧道，回到CoCo Chane1當年活躍的舞台場景。

● **Fragrance & Beauty（香水與化妝品）**

介紹所有的香水系列，特別是經典的Chane1 No.5以及近年推出的新品。

## ● Make-up（化妝品）

以色彩創新聞名的Chanel，在官方網站上當然也有專區特別介紹其彩裝品。除了新產品之外，更有影片教學如何畫出最漂亮的彩妝，慣用Chanel彩妝品的消費者不妨上網瞧瞧自己的使用方法是否正確。

## ● Skin Care（保養品）

強調為不同膚質調配不同配方的Chanel保養品，在網上也有簡單的肌膚檢測遊戲，只要依指示點選自己的膚質狀況，就會出現適合自己的保養方式與推薦的Chanel保養品。

## ★ Christian Dior 克麗絲汀迪奧

網址：www.dior.com
語言：英文、法文

進入Christian Dior的網站，立刻映入眼簾的是最新包包、皮鞋與服裝的幻燈片播映，使閱聽人能夠立刻轉換心情，進入John Galliono為Christian Dior打造狂野奔放的世界。網站中有Christian Dior時尚、香水與保養品的所有訊息，其中最值得瀏覽的就是Fashion & Accessories單元中Women的部分，內容包括：

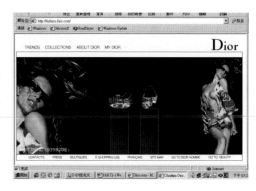

## ● Trend (流行趨勢)

這裡介紹了Christian最新引領風潮的系列，而登錄會員更可以接收到最新的「Next Trend」電子報。

## ● Collections (最新作品)

介紹Christian Dior的Ready to wear（高級成衣）、Leather goods（皮件）、Shoes（鞋款）、Accessories（配件）與Fine Jewelry（高級珠寶）。在高級成衣部分完整秀出Dior Admit it、Logo Attitude、Day與Cocktail/night等不同系列作品，可以點選照片仔細欣賞；在皮件部分更是收錄了Dior Admit it、Dior Street Chic、Fetichic、Saddle、Logo Canvas、Lady Dior與Evening Bag等所有人氣系列。

## ● About Dior (關於Dior)

在這裡可以看到最新的ready to wear（高級成衣）與Haute Couture（高級訂製服）的Catwalk（服裝秀）影片、最新形象廣告系列的照片、以及Heritage（品牌歷史）。在品牌歷史中，以年表大事紀（Chronology）說明品牌發展，更詳細介紹Christian Dior本人與現任設計師John Galliano的背景。最精彩的莫過於Christian Dior經典作品集（Gallery），精選由1947年至2001年最膾炙人口、影響時尚界最深的精彩設計，讓Dior迷能夠欣賞到品牌的發展與沿革。

## ● My Dior (我的Dior)

登錄為會員可以閱讀Christian Dior線上雜誌，更可以擁有My Catalogue（自製目錄），選擇紀錄自己喜歡的品項。

# ★ Giorgio Armani 亞曼尼

網址：www.giorgioarmani.com
語言：英、義、日

進入Giorgio Armani的網站，立刻感受到簡約現代的品牌精神：黑色的背景、一目了然的選項，兼具功能性與摩登感，就像他的設計一樣。

官方網站提供了與Armani旗下所有品牌與副牌的網站連結，包括了Giorgio Armani、Armani Collezioni、Emporio Armani、Armani Jeans、Armani Junior、Armani Exchange、Armani Parfums、Armani Cosmetics、Armani Watch、Armani/ via Manzoni與Armani Casa，因此瀏覽起來相當方便。點進Giorgio Armani後，有幾個主要內容：

● New Collection（最新作品）
這裡可以找到runway（服裝秀服裝）、Accessories（配飾）、Eyewear（眼鏡）、Cosmetics（化妝品）、以及Perfums（香水）的最新消息

● Seasonal Campaign（當季活動）
介紹Giorgio Armani最新的活動

● On the runway（秀場花絮）
當季Fashion show現場直擊，Armani服裝的剪裁與律動感一

目了然。再點進左上方的選單會出現以下幾個有趣的單元：

● Evolution（品牌沿革）

這是個相當有趣的單元，又可細分為三個選項。「the Armani Timeline」說明了Giorgio Armani的生平以及品牌發展，同時也提及了從30年代開始不斷演進的流行風潮，與

Armani的創意與設計作一個比較；「Celebrity Scrapbook」則展示電影中所出現的Armani服裝，以及好萊塢巨星在公開場合穿著Armani的照片

● In the spotlight（鎂光燈下）

則介紹Armani最近轟動時尚界的新聞以及預告下一季的最新設計，對時尚敏感的人不妨先睹為快。

● Guggenhem（古根漢）

紐約Guggenhem現代美術館曾於2000年10月至2001年3月展示Giorgio Armani的重要設計作品，以肯定他25年來對時尚界的貢獻。這個單元則介紹當時展覽的內容與說明。

● On-line Shopping（線上購物）

針對Armani Jeans與Armani Watch提供線上購物服務，但僅限於美國境內。

# ★ Gucci 古馳

網址：www.gucci.com
語言：英文、義大利文、日文

─────────────────────────────────

　　Gucci的官方網站是一片完全的黑，充滿冷冽的現代感，充分顯現出Tom Ford的設計風格。最特別的是整個網頁採取子母式畫面，只要將滑鼠回到畫面的左側，選單就會自動出現，不必再重新回到目錄頁，即可進行下一個搜尋。

　　網站介紹的內容包括：

### ● About Gucci （關於古馳）

本單元含有History（品牌歷史），介紹Gucci自1920年代起每十年間的品牌大事紀，並專文介紹Gucci現任CEO Domenic de Sole，以及現任創意總監Tom Ford，兩位對Gucci成為當今最受歡迎品牌影響至深的靈魂人物。同時可以下載螢幕保護程式，喜歡Gucci的人不妨為自己的電腦也換上Gucci的新裝吧！

### ● Find Gucci （發現古馳）

以世界地圖方式搜尋Gucci全球專賣店位置與地址。並有Gucci最新形象店設計理念的介紹。

### ● Gucci Group （古馳集團）

提供Gucci集團旗下所有品牌的網站連結，包括

Guccigroup.com、AlexanderMcQueen.com、Balenciaga.com、Bottega Voneta、Bedat.com、Boucheron.com、SegioRossi.com、YSL以及StellaKcCarthey，相當方便。

● **Purchase On-line（線上購物）**

精選部分品項提供線上購物服務，但僅限於美國境內。不過由於點選產品後，會自動顯示美金售價與詳細規格尺寸，因此不失為購物前的好參考。

## ★ Louis Vuitton 路易威登

網站：www.vuitton.com

語言：法文、英文、中文、日文

LV是所有品牌中，唯一有中文的官方網站的品牌，這應該是LV迷的一大福音！

網頁畫面由Epi橫紋皮件以及移動的Louis Vuitton字母揭開序幕，一個表現Louis Vuitton旅行精神的短片，以輪船航行的海浪聲、火車疾駛的氣笛聲、世界城市古往今來的影像，襯托出Louis Vuitton旅行皮件從19世紀馬車時代至今的演變，這麼精緻又震撼人心的開場白，帶你進入Louis Vuitton多采多姿的網路世界：

## ● 最新動態

在首頁立刻可以發現Louis Vuitton的最新進展。介紹最新一季商品、創作概念與活動。有趣的是，你可以在看到喜歡的品項後，將其放至願望錄（Wishing List），然後再搜尋欲購買的地點，最後可以列印出來，就不會忘記自己想買的究竟是什麼，也可以讓專賣店的服務人員迅速為你服務。

## ● 產品系列

在這個部分可以找到LV所有的品項，除了以男、女區分之外，還可依品項、功能、材質來搜尋欲尋找的品項，而且所有的產品都標明了尺寸，是購物前作功課的好幫手。

## ● 創新產品

介紹當季的最新設計與作品。除了可以欣賞精彩絕倫的Fashion show影片之外，還可以看到設計師Marc Jacobs的媒體訪問，談論新一季的創意來源。

## ● 傳統風範

這個部分詳細表達了LV的歷史淵源、品牌價值與旅行哲學。除了歷史大事紀之外，更有影片介紹皮件的製造過程，繁複的程序顯示了LV對於專業的堅持。

對於LV所採用的各種材質，點選之後也有完整的說明，對於增加對LV產品知識相當有幫助；比較特別的是有專區介紹LV受委託所製作的特殊旅行用品，如熱水瓶、書架、棋盤等，以及產品個人化的精神。最有趣的是互動式的旅遊博物館，

藉由點選欲參觀的區域，立刻跳出視窗詳細解釋該展示的歷史與特色，是了解LV價值的另類方式。

● **特別活動**

此區介紹LV為了發揚品牌精神所舉辦或贊助的各項活動，如帆船賽、服裝秀以及經典車展。

● **旅遊探密**

點選此區的城市焦點，選擇欲遊覽的城市，你可以發現詳細的旅遊指南，包括著名觀光景點、刊載當地藝文活動的刊物、購物用餐指南、以及當地旅遊須知。為什麼一個 Fashion品牌會介紹旅遊資訊呢？當然是因為LV是一個強調旅行哲學的品牌，在這裡你可以找到世界主要城市的所有旅遊資訊，算是一個意外的收穫吧。

● **服務**

對LV有興趣的人可以登錄會員，將不定期收到LV的最新消息。

● **大中華焦點**

這是中文版特有的部分，除了詳列港台發展大事紀之外，更有名人演繹單元，訴說港台名人訂製LV皮件的故事。在這裡也可以下載LV不同皮革材料圖案的螢幕保護程式，LV迷不妨試試下載自己最喜愛的皮革材質畫面。

# ★ Hermes 愛馬仕

網址：www.hermes.com

語文：英文、法文、日文

Hermes的官方網站
較為特別，並沒有品牌
的相關介紹，純粹是以
線上購物為主，銷售的
品項包括了絲巾、領帶
以及香水，但提供的範
圍僅止於美國本土，台
灣的消費者並無法直接
使用這項服務。

雖然Hermes的網站並沒有太多資訊，但整體的風格還是充
分展現Hermes的精神，以其代表性的包裝盒橘色為背景貫穿所
有頁面，搭配手寫的草書字體，氣質不凡。最特別的是Store
Location（專賣店位置）部分，在世界地圖上，以航海日誌式
的手繪圖案表現出該地特色，如藝妓代表京都、擔仔麵代表台
南，相當具有創意。

# ★ Prada 普拉達

網址：www.prada.com

Prada的官方網站目前只有首頁，一張品牌形象圖片，因此

想要得知該品牌最新消息的讀者只好從其他管道取得了。

## ★ Fendi 芬迪

網址：www.fendi.it
語文：義大利文、英文

Fendi的網站形象一如其品牌精神，優雅沉穩。在功能設計上採選單與畫面同時存在的形式，所以點選起來一目了然，完全不會迷路，且下載速度非常快。內容包括：

### ● 最新系列
以幻燈片方式展示最新一季男女服飾系列。

### ● Runway (秀場直擊)
播放最新一季時裝秀實況。

### ● Ad Campaign (最新廣告)
展示最新一季廣告形象。

### ● About Fendi (關於芬迪)
在History(品牌歷史)部份，以照片方式介紹Fendi的創始與發展。更有專門介紹經典商品Selleria與Baguette的部份。

● **Boutique（專門店）**

以區域與地圖方式搜尋Fendi全球專門店位置。

● **E-Gift（電子禮物）**

可以下載螢幕保護程式、桌面形象以及目錄。

Fendi另有台灣的網站也可以作爲參考，網址是www.fendi-taiwan.com，所包含的內容以新品爲主，時裝、配件與最新消息，都算齊全。

尤其是配件的部分，詳細介紹了包包、鞋子、小皮革用品與眼鏡，包包中更囊括了Ostrik貝型包、Fur Handbag皮毛包、Baguette貝貴提與Selleria。喜歡Fendi包包的讀者千萬要記得上網瞧瞧。

## ★ Salvatore Ferragamo 菲拉格慕

**網址：www.salvatoreferragamo.it**

**語言：英文、義大利文**

Salvatore Ferragamo的官方網站最近才改版，一如品牌優雅內斂的精神，並沒有太多讓人炫目的特殊效果，但是以品牌代表的Logo爲背景，卻能立刻吸引讀者的目光。

該網站所提供的訊息相當豐富，包括：

● **Museum（博物館）**

名牌

由於Salvatore Ferragamo在總部設立了展示其設計與經典作品的博物館，因此在官方網站中對於館藏與歷史、展覽、附設書店都有詳盡的介紹。

● Corporate/Press（公司簡介與最新消息）

介紹品牌歷史、設計哲學、企業文化、菲爾格慕家族與企業集團。同時還有最新一季的秀場影象與新聞稿可欣賞。

● Events（最新活動）

有該品牌獲頒2002年度國際品牌殊榮的消息。

● Stores（專賣店地址）

介紹全新專賣店概念以及全球銷售點地址，可依地區及商品別搜尋。

● Campaign（廣告）

展現最新一季的平面廣告，包括了男女最新設計，以及單頁、跨頁與折頁各種不同表現，全面地表達當季的設計精神與風格。

● Shoes（皮鞋）

介紹最新男女鞋設計以及該品牌引以自豪的製鞋藝術，深入淺出的呈現製鞋過程中每一個環節的精緻藝術，從檀頭、腳膜、足弓、皮革選擇到工匠手藝，充分表現出Salvatore Ferragamo的品牌價值。

● Bags & Accessories（皮包與飾品）

介紹最新男女皮包與配飾設計以及媒體新聞稿。

● Ready to Wear（高級成衣）

介紹最新當季男女服裝設計，並有全身與局部放大照片表現該服裝之特色所在。

● Eyewear（眼鏡）

分成太陽眼鏡與光學眼鏡兩部份，對於設計概念與製作科技有特別介紹。

● Silk & Accessories（絲製品）

包括絲巾、領帶與絲質配件，對於設計哲學與材質選擇有詳細介紹。

● Perfume（香水）

介紹該品牌的三款香水。

# Local information
## 【國內篇】

### 最容易溝通了解的國內資訊網站

國內網站的時尚頻道多半是翻譯或直接採用國外的資料，因此通常時效較國外網站稍慢、且報導缺乏主見與深度，但是由於是以中文報導，因此對於一般讀者而言，較容易了解，推薦的單品也是國內代理商或分公司有進貨的，不會有見獵心喜卻買不到的情況。

## ★ Vogue 中文網站

網址：www.vogue.com.tw

---

Vogue雜誌國際中文版的官方網站，編輯方向和Vogue雜誌差不多，因此可以找到當季最新的時尚流行訊息。雖然會和雜誌共用部分資源，但基本上網站的編輯內容仍是獨立的，同時有搜尋的功能，閱讀使用起來較雜誌更為方便、主動性更強。缺點是電腦螢幕上的影像較無法表現服裝與皮件的質感，且訊息不如國外媒體來得快，只能做為參考輔助工具，不過介紹的全是國內可以找到的品項，因此不失為入門者按圖索驥的好工具。

在Vogue網站上的Fashion選項可以找到以下名牌相關訊息：

## ● 時尚衣秀
此部份可以觀賞各品牌在巴黎、米蘭、紐約時裝週的最新發
表會的照片，雖然沒有影片可看，但整理得還算完整。

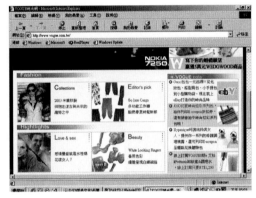

## ● 10 Must Buy
精選時尚主題中的名牌推薦單品。

## ● Editor's Pick（優質推薦）
編輯台選出名牌最In的單品款式作介紹。

## ● Brand Gallery（名牌館）
簡單介紹時尚名牌的品牌故事，包括Agnes b、
Aigner、Giorgio Armani、Bally、BCBG、
Bvlgari、Cartier、Christian Dior、Celine、Chanel、
Calvin Klein、Christian Lacroix、Dolce&Gabana、Donna
Karan、Fendi、Ferre、Gucci、Guess、Hermes、Jean Paul
Gaultier、Kenneth Cole、Kenzo、Louis Vuitton、
Moschino、Ninna Ricci、Prada、Ralph Lauren、Salvatore
Ferragamo、Sonia Rykiel、Trussardi、Yohji Yamamoto與
Zucca等品牌。

## ● Special
國外秀場幕後直擊與國內時尚活動報導，如品牌Party等。

## ★ Fashion Guide

網址：www.fashionguide.com.tw

　　Fashion Guide提供世界時尚潮流脈動、時尚新品快報、時尚品牌介紹、時尚名店巡禮等。

　　除了翻譯國外的報導與服裝秀之外，大部分的內容是該網站記者與編輯在台灣的採訪報導，因此感覺較為Local，不過本地各品牌的活動與折扣消息相當豐富，倒是值得愛搶便宜的讀者多注意。

　　除了瀏覽以上訊息之外，更可免費登錄成為會員，享有購物搜尋、意見發表、商店評價、訂閱個人化電子報、討論區、二手拍賣等權益。值得一遊的部分有：

● Women
提供最新女性時尚相關報導，包括眾多品牌在台上市或推出的新品，愛搶新的讀者不必擔心在台灣買不到。

● Show
提供當季米蘭、巴黎、紐約各品牌時裝秀的設計創意及照片。

● Fashionaire
提供與www.fashionaire.com的超連結，這是一個屬於國內設

計師、造型師、攝影師等藝術工作者的網站。想了解國內時
尚動態的讀者可以定時上來瞧瞧。

● **Shopping News**
提供最新折扣、特賣、活動情報。精打細算的消費者可要隨
時注意此區好康訊息。

● **Dr. Fashion**
關於時尚流行有任何相關疑問，都可以留言詢問，網站編輯
人員會在洽詢專家後，回覆網友正確的解答。這個單元有別
於一般聊天室網友的意見交換，答案是經過求證的，因此較
值得信賴，不過要先登錄會員才能享受此項服務喔。

● **每日一牌**
不定時介紹時尚界的重要品牌與設計師，想要增進名牌知識
的人不妨經常上去瀏覽一番。

● **每日一店**
介紹新開的品牌旗艦
店或特色名店。

Overseas Update

### 包羅萬象的國外網站

　　國外時尚網站更新的速度比國內即時得多，由於資訊取得較為迅速完整，且編輯人員多為資深時尚人，與時尚品牌關係深厚，本身素養也高，因此網站資訊的深度與廣度均比台灣的要來得強。許多台灣網站與媒體的內容與圖片多取自國外權威網站，英文底子好的人不妨多上國際時尚網站，補充最新第一手資訊。

## ★ Vogue 英國網站

網址：www.vogue.co.uk
語言：英文

　　倫敦版Vogue雜誌的官方網站，如同台灣版一般，網站的編輯內容獨立於雜誌，但仍可連結至當期雜誌內容簡介，不過內容卻較台灣版更為豐富、速度也更快速更即時，英文好的

讀者可以直接上這個網站搜尋有興趣的品牌，相信不會讓你失望。這個網站值得一看的內容包括：

● **Daily News（最新消息）**
每日提供即時流行時尚相關新聞，同時有資料庫儲存舊新聞供查詢。想要隨時掌握最新流行資訊的讀者可以訂閱電子報。

● **The Show（服裝秀）**
備有最近兩年各品牌各季的服裝秀內容，且具有完整的搜尋功能。讀者可以先選擇欲觀賞的時間與季節，再從巴黎、米蘭、紐約三個城市中作選擇，最後再從選單中選出有興趣的設計師名字，網站就會自動篩選出該設計師於該季發表會中發表的所有服裝。

● **Trends（流行趨勢）**
編輯台匯集當季流行趨勢，一一說明註解，並在每一個趨勢主題中，用心蒐集了所有品牌符合此趨勢的品項，讓使用者可以一目瞭然所有可能的選擇，是每季血拼前參考作功課的好幫手。

● **People（流行人物）**
報導當季時尚活動、秀場花絮以及主題派對，可以觀察國外的時尚社交活動，以及星光熠熠的品味穿著。

名牌

# ★ Fashion Windows

網址：www.fashionwindows.com

語言：英文

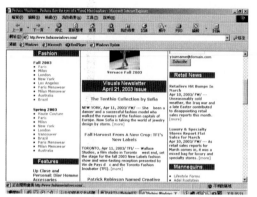

Fashion Windows是一個線上時尚資料庫，存有非常豐富的資料。除了有即時的時尚新聞之外，還有專題報導最近的時尚大事與流行活動。而龐大的資料庫中，更包括了所有大小品牌的服裝秀、設計師檔案、世界各地旗艦店的櫥窗照片、以及頂尖名模的介紹與照片等，可以說是網羅了所有時尚相關資訊，詳盡又即時。

唯一可惜的是這個網站部分資訊需要加入付費會員才能閱讀，原因是此網站太受歡迎，其電子名信片服務、分類廣告與留言版等遭到濫用，導致資料爆炸傳輸時間過長，為使真正有需要的網友獲得最佳的服務，必須月付美金4.95美金，才能點閱全部的內容。

話雖如此，但對於真正熱中時尚、渴望獲得最新資訊的時尚迷而言，加入會員還是非常值得的，因為在這裡真的幾乎什麼都找得到。

但不想付費的讀者也別失望，因為這個網站還是囊括了許多免費閱讀的內容：

● Windows Gallery (櫥窗藝廊)

在這裡你可以找到從1997至今眾多品牌在世界主要城市的櫥窗設計與展示，並附有文字說明品牌當季的設計精神與風格，店址與電話也詳細列出，真的是非常賞心悅目，又可增進鑑賞能力。由於資料太過豐富，有超過1000個以上的櫥窗，因此備有搜尋功能，可依年份、品牌、地點等來檢索，相當方便。本區大部分的資料都是不需要付費就可以讀取的，比較特別的是，若你看到喜歡的櫥窗照片，可以將之作為名信片寄給朋友，這項服務就是付費會員才有的專屬權利了。

● Fashion News (時尚新聞)

本網站的時尚新聞範圍很廣，除了有品牌最新消息外、更包括了時尚、風格、品牌經營、活動、模特兒等。大部分的最新時尚新聞都是免費可閱讀的，更可以訂閱電子報，隨時獲得update的訊息。

● Fashion Trends (時尚趨勢)

介紹現在流行什麼、哪些已經過時了，由於資料來自於世界頂級時尚評論家，因此極具參考價值。本區的內容部分需要付費才能閱讀。

● Designers Bio & Info (設計師檔案)

此區儲存了超過500位設計師的資料，而這份名單還在陸續增加中，這是我目前看過最完整的一個資料庫。不過本區的內

容必須是付費會員才能觀賞。

● **Fashion Models（時尚名模）**

在本區可以看到秀場幕後花絮、名模檔案、新聞、以及照片集。除了部分新聞外，都必須付費才能觀賞。

● **Runway Shows（服裝秀）**

不同於一般網站多著重於米蘭、巴黎、紐約三大時裝週的發表會，本區集合了全球各地、大大小小所有服裝秀內容，真的是讓人大飽眼福，只不過這麼精采的內容當然是需要付費才有的服務。

● **Fashion Review（時尚評論）**

全球頂尖評論家針對所有品牌當季作品的分析與評論，完整詳盡、見解精闢，是時尚高手必讀的教戰手冊。可惜本區也是付費會員才能進入的資料庫。

★ Style.com

網址：www.style.com
語言：英文

- - - - - - - - - - - - - - - - - - - - - - - - - - - - - - - - - - - - - - - - - -

　　這個網站包括了Vogue紐約版與W雜誌的線上內容，以及更多的時尚、趨勢、名人、購物以及美容訊息，所含括時尚名品資料甚至比Fashion window更為豐富，而且完全是免費的，

沒有任何限制，是所
有對品牌有興趣的人
都應該隨時Check的網
站。台灣有許多網站
所使用的照片都是從
這個網站擷取的，可
見其權威與代表性。
推薦讀者們一定要點
閱Fashion Show內的選
項：

● Editor's Pick
　（主編推薦）

　由最權威的紐約時尚
　人——W、Vogue、
　Style的總編推薦最
　佳化妝、最佳配件、
　最佳模特兒、最佳皮
　包、最佳靴子等，每
　個主題都從眾多名牌
中精心挑選出最優的十件單品，想要為自己添購最In的行
頭，仔細研究這個單元是敗家女必作的功課。

● Style Hunter（風格搜尋）
由資深時尚編輯精選當季流行風格與趨勢，再從眾品牌中擷

取能表現此一風格趨勢的作品，這更是時尚愛好者不可錯過的單元，因為它告訴你這一季的裝扮重點與致勝關鍵，讓你迅速找出最值得投資的品牌與單品，或用大眾品牌搭出名牌的效果。

● Runway Shows（服裝秀）

這個網站內囊括了所有設計師的服裝發表會，除了有精闢的評論、完整的新作品、更有亮眼單品的特寫、以及秀場花絮與後台側寫。最棒的莫過於每個品牌剪輯過約3分鐘的當季秀場精選影片，不但有模特兒走秀畫面、更有設計師、評論家與名人的訪問，你可以隨意選擇自己有興趣的品牌，隨時觀賞，方便極了。

● Search （搜尋）

可以依季節、設計師、與類別作搜尋，立刻找到自己有興趣的品牌與品項。

此外在Vogue與W的線上內容中，也可以找到當期與最近的時尚評論與新聞，雖然閱讀起來不比實體雜誌有質感，但方便又即時，對於沒有購買國外雜誌習慣的人，不失為一個很好的替代方案。

## ★ Hello!

網址：www.hellomagazine.com

語言：英文

這是一本名為Hello的娛樂周刊網站，在這個網站你可以找到每週最新的時尚新聞與名模動態，也可以看到最新與前一季巴黎、米蘭、紐約時裝秀的完整資料。這個網站的屬性較以人物為主，因此也可以搜尋到設計師與模特兒的背景介紹。最有趣的是，加入會員還可以建議網站報導的人物，若你所喜歡的設計師與名模被遺漏了，可以寫信請他們去採訪報導喔！

# 2.Magazine 雜誌
## 感性與知性繽紛的平面世界

　　大量閱讀時尚雜誌是名牌女絕對必須要作的功課，除了可以看到名牌最新商品介紹、流行趨勢、名人穿衣鏡外，更可以藉由刊登其中的品牌形象廣告，去感受各品牌要傳達的精神。

　　養成固定的閱讀習慣之後，時尚品味絕對會在不知不覺中提升，對於名牌的美麗與價值也會有更深的體認。

　　在眾多雜誌中，最基本一定要閱讀的就是全球性時尚雜誌，除了中文版的Vogue、Elle、Marie Claire、費加洛之外，強烈推薦義大利版的Vogue，除了編輯的時尚素養堪稱全球之最外，所有在米蘭這個時尚之都所舉辦的時尚活動與發表會，都能在當期的雜誌中找到，讓你在速度時效上搶先一步。雖然大部分的人都不懂義大利文，但光是欣賞國際級攝影師們所拍出宛如藝術品般的照片，就值回票價了。

　　法國版與紐約版也都相當值得一讀，編輯的風格與內容都與中文版有很大的不同，充滿時尚之都特有的藝術氣息，在每季巴黎與紐約時裝週的報導，也往往充滿令人驚艷的內容。

## 精美、創意十足的名牌介紹

　　除了全球性國際時尚雜誌外，還有一些相當值得推薦的英文與法文雜誌，它們以敏銳的時尚觸角、創意的版面構成、精美的印刷品質，以抽象寫意的方式，帶領時尚迷們進入名牌繽紛的世界。

### ★ W

**型態：**月刊
**發行：**Fairchild Publications, Inc.
**零售點：**誠品、紀伊國屋、Fnac

　　翻開Ｗ，很驚訝的發現前30頁全都是國際時尚名品的廣告，但這完全不減它的精采度，因為Ｗ是一本大開數的雜誌，它的尺寸比一般流行雜誌大上許多，因此內頁的廣告彩照看起來更加過癮。

　　內容除了有時尚新聞、時尚活動、藝文生活報導、時尚人事專訪，最精采的就是Ｗ自行企畫拍攝的時尚照片，以特別的主題、背景、化妝，以及攝影大師的精湛功力，烘托出設計師服裝的特色。

## ★ In Fashion

**型態：**不定期，配合每季時裝秀

零售點：誠品、Fnac

----------

　　In Fashion並不是一本定期出版的刊物，而是配合米蘭、巴黎、與紐約時裝週所推出的時尚特集。In Fashion集合了在三大時裝週中所有品牌與設計師所推出的新裝、配件，從國際級時尚攝影師所拍攝的照片中，選出最具代表性的作品，集結出印刷精美的高質感In Fashion雜誌。每一季的In Fashion雜誌不只一本，由於作品眾多，通常會以城市區分為3本，包括了米蘭、巴黎、倫敦與紐約。雖然這些照片可以在網路上找到，但畢竟還是以平面印刷的視覺衝擊較強，值得靜下心來品味這些賞心悅目的名牌設計。

## ★ L'officiel

**型態：**月刊

零售點：Fnac

----------

　　L'officiel是一本法文月刊雜誌，創刊於1921年，目前每年推出10期雜誌以及免費的專刊。L'officiel是一本完全以國際時尚為主的雜誌，每一期的雜誌都包含了超過70頁的時尚報導，由世界知名的攝影師與頂尖名模，共同完美演譯時尚名牌的設計精神。除了時尚專題之外，還有美容、時尚活動、流行趨勢以及時尚新聞的報導，更有90頁精美的國際名品廣告，不需要看懂法文，也能完全享受L'officiel濃厚的時尚氣氛。

**最專門性最詳細的名牌指南**

　　日本人對於名牌的癡迷簡直到了登峰造極的境界，關於介紹名牌的雜誌真是琳瑯滿目，讓人看得目不暇給。

　　除了一般流行時尚雜誌一定會介紹最新作品外，更有所謂專門性的雜誌，詳細介紹所有的新舊品項，包括尺寸、容量、背帶長度、人氣排行榜，追究細節到令人咋舌的地步。

　　在一般類時尚雜誌我覺得比較值得參考的部分，是學習如何以名牌混和搭配一般品牌，將名牌的質感融合於適合自己的整體造型中，而不是盲目地穿戴整身的名牌，日本雜誌在這方面整體來說水準都蠻高的。

　　日本雜誌的印刷品質較台灣雜誌好，因此各品牌廣告的呈現，也是美不勝收。

　　而專門性的雜誌，通常是總和類品牌大集合，等同名牌圖鑑，不過以包包類為介紹主軸，人氣指數較高的品牌包括Louis Vuitton、Hermes、Chanel、Christian Dior、Gucci與Prada，各出版社也會不定期推出某品牌特集，想深入研究的名牌迷們，可以仔細閱讀學習如何辨別真偽。

名牌

## ★ Classy

**型態**：月刊　**發行**：光文社　**售價**：NT$259（Yen 680）
**零售點**：紀伊國屋、誠品

----------------------------------------

　　Classy是一本綜合性的流行雜誌，類似大家熟悉的Non-no、JJ、More等，但不同的是這本雜誌的搭配比較成熟，穿插名牌搭配的比例比較高，整體風格也比較優雅，蠻適合職場女性參考。在這本雜誌裡除了專題介紹名牌新品、人氣趨勢外，還常可以看到一般日本女性如何高明地運用名牌小物，讓自己的整體造型更出色。

## ★ Brand's off

**型態**：月刊　**發行**：成美堂出版株式會社
**發行日**：每月23日發行　**售價**：NT$192 （Yen 480）
**零售點**：紀伊國屋、誠品、Fnac

----------------------------------------

　　Brand's off可說是名牌包包最完整的目錄，收錄了在日本最收歡迎的品牌Louis Vuitton、Hermes、Chanel、Christian Dior、Gucci、Prada、Coach、Miu Miu、Fendi等，也有小部分的配飾、鞋子與服飾的介紹。內容從最新作品、長銷商品、排行榜、到各種你想得到的專題，如大型包包、皮夾類、優雅型、流行款等，應有盡有。

　　這類型的雜誌除了Brand's off之外，另外還有Brand

Bargain、Brand's Joy等，內容都大同小異。特色是這些雜誌多和日本各地的精品店、平行輸入店以及二手店合作，在產品本身的尺寸、顏色、規格等特色說明之外，還會標明在哪家店有販售、價格是多少、若是二手貨更會標明產品狀況，讀者可以按圖索驥，向店家訂購。由於在日本名牌物品的流通實在過於頻繁，因此在運作的機制上相當成熟，為維護消費者權益，有許多店家主動組成抵制仿冒品聯盟，讓消費者能夠安心的以較便宜的價格購買名牌，卻不必提心吊膽買到假貨。

　　針對幾個日本人最喜歡的主要品牌，如Louis Vuitton、Gucci、 Hermes、與 Chanel等，當品牌有引起炫風的新作上市時，或集結最新一兩季的新品時，就會不定期發行特刊。 這些特刊除了有最流行的新品外，多半會企畫一些品牌經典主題，或是旗艦店導覽等資訊，因此若有符合自己興趣與需求的主題，倒是蠻適合收藏的。以下是已經發行在市面上可以找到的幾本範例，隨著每季新品媒體的反應，會持續推出更新的版本。

## ★ Louis Vuitton Perfect Catalogue

**型態**：特刊　　**出版社**：成美堂出版株式會社
**發行日**：2002年11月　　**售價**：NT$401　（Yen 980）
**零售點**：紀伊國屋、誠品、Fnac

　　由於LV在表參道旗艦店的開幕，使得LV熱潮到達了顛峰，也因此各家雜誌社無不爭相推出LV特別報導，這本則是

Brand's off 推出的增刊。

內容包括了Newest Arrival、表參道旗艦店特別報導、2002
流行白皮書回顧、The Perfect Catalogue、表參道限定與最新
Item、販售商店導覽等。

## ★ Louis Vuitton
### 2002-2003 Winter & Spring Catalogue

型態：特刊　出版社：株式會社婦人生活社
發行日：2002年12月　售價：NT$365 （Yen 762+稅）
零售點：紀伊國屋、誠品、Fnac

這是婦人生活所最新出版的Brand Shopping Special Louis
Vuitton特別版，內容詳細披露LV從2002秋冬到2003年春天所有
的新作，包括各材質類型的大小包包，如Monogram Mini、
Monogram Mat、Monogram Glace、Louis Vuitton Cup Model、
Monogram Shine、Monogram Satin與Men's Collection，以及配
飾、Timebour手錶、服飾與鞋子等。

此外還有許多有趣的主題，包括LV包包內容空間大調查，
讓你能夠從中選擇最適合自己平常使用的類型；東京、名古
屋、大阪LV愛用者100人，看她們如何搭配以及愛用的理由；
皮夾選購完全手冊，詳細說明每款的規格，甚至有幾個夾層都
一清二處；更有LV表參道旗艦店介紹、所有定番產品從歷史發

展到所有系列的完整圖鑑、如何保養LV產品、以及最值得推薦單品等，內容豐富、製作用心，是值得LV迷收藏的一本圖鑑。

## ★ Louis Vuitton 2002-2003完全保存版

型態：特刊　出版社：NEKO Publishing

發行日：2003年1月　售價：NT$360　（Yen 880）

零售點：紀伊國屋、誠品、Fnac

　　這是 Brand Joy雜誌的一月號增刊 Vol.3，號稱 Louis Vuitton2002－2003完全保存版，因此有新作的完整圖鑑，也有歷年來人氣商品與不同系列的詳細介紹。比較特別的是特別企畫單元，針對最新推出的Timebour手錶與Monogram作焦點介紹，對這兩個系列有興趣的LV迷，不妨買來參考一下。

## ★ Hermes

型態：特刊　出版社：Apolo出版株式會社

發行日：2002年12月1日　售價：（Yen 1,300）

零售點：紀伊國屋、誠品、Fnac

　　由於Hermes在日本的超人氣，使得Brand Bargain雜誌12月號臨時增刊這本Hermes特集。內容介紹了Hermes在日本最受歡迎的三個系列：Birkin、Kelly與Fourre-Toute，包括所有材質、顏色與尺寸，一次看足這麼多Hermes的高貴產品，眞是相當過癮。

名牌

## ★ Chanel Perfect Book

**型態**：特刊　**出版社**：WANI Magazine
**發行日**：2002年12月　**售價**：NT$401　（Yen 933+稅）
**零售點**：紀伊國屋、誠品、Fnac

---

　　這本Chanel Perfect Book則是另一本名牌專門月刊－Super Import Brand的特別編集。內容包括了Chanel 2003年春夏的全新作品、Chanel世界的完全導覽、以及Chanel化妝品與保養品的介紹，這本特刊的攝影作品非常精美，封面是代表性的雙C Logo黑色菱格紋包，運用光影充分呈現Chanel的高級質感，值得收藏。

## ★ Chanel

**型態**：特刊　**出版社**：Apolo出版株式會社
**發行日**：2002年9月1日
**零售點**：紀伊國屋、誠品、Fnac

---

　　Brand Bargain的特別編集之一，除了有2002－2003新作報導之外，更有編輯精選的Chanel Perfect Album、最受注目的五個系列、以及歐洲發燒的商品。當然人氣頗高的Chanel化妝品也收錄在這本特刊中。

## ★ Chanel Super Collection

型態：特刊　出版社：交通Times社

發行日：2002年7月1日　售價：NT$389 （Yen 905+稅）

零售點：紀伊國屋、誠品、Fnac

　　這本特刊是Brand Mall雜誌所推出的World Brand Selection系列之一。雖然不是最新的內容，但是卻有CoCo Chanel的生平介紹與經典設計，可說是相當值得「香迷」典藏的一本特刊。其他還有價格大評比：Chanel專賣店定價、平行輸入店價格、二手市場合理價錢、與精品店買入價格等，不過這些都是日本當地的資訊，台灣並不適用，只能當作了解市場的參考。


## ★ Gucci Perfect Book 2002

型態：特刊　出版社：WANI Magazine

發行日：2002年7月20日　售價：NT$401 （Yen 933+稅）

零售點：紀伊國屋、誠品、Fnac

　　這本特刊同樣是Super Import Brand的特別編集，封面是前一陣子風靡一時的Gucci Logo小熊，整本雜誌的主題是《愛上Gucci的2400個Item》，幾乎收錄Gucci所有的品項，閱讀後絕對讓你更加了解並愛上Gucci這個品牌。

Part

## 漫步在流行時尚聖地－－世界名店街錄

眼睛看得到的美麗風景，總是禁不住想要凝視一番，
一點點的迷戀、一些些的幸福，
就在購不購買的方寸間游移……

義大利的米蘭與羅馬不但是流行之都，更充滿歷史古蹟，融合傳統與現代、怎不令人心醉神迷？

# ★ 義大利Italy
## 名牌發源地與購物聖地

　　義大利是Gucci、Prada、Giorgio Armani、Versace、Fendi等名牌的發源地，不僅引領世界流行潮流，價格更是比台灣便宜3成以上，當然是名牌女不可錯過的絕佳購物地點。尤其是7月10日開始的折扣季更是不可錯過的盛會！

　　義大利每年的夏季折扣由7月10日起開始下7－8折，8月以後更可能降到5折，不過屆時好貨色多半已被搶購一空，很難買到合適的尺寸。特別要注意的是到了8月幾乎半數以上的商店都關上大門休假去了，雖然名牌店大部分還是繼續營業，但購物氣氛總是冷清不少。

# 【米蘭篇】
## Milano
### 名牌雲集的商街大道

　　時尚重鎮米蘭，是義大利購物之旅絕對不可錯過的一站。米蘭市中心的購物地點十分集中，除了大教堂區（Corso Vittorio Emanuele）之外，就是由蒙提拿破崙街 （Via Monte Napoleone）、聖安德列街 （Via S. Andrea）、史皮卡大道 （Via della Spiga）及Borgospesso 圍繞而成四角區域，只要找到一家名牌店，絕對不會錯過其他的品牌，更不用擔心迷路。

# 維托伊曼紐二世拱廊
# Galleria Vittorio Emanuele
## 呈十字型放射的著名購物街

　　古典華麗的維托伊曼紐二世拱廊是米蘭相當著名的購物街，呈十字型放射，出入口分別為斯卡拉歌劇院、米蘭大教堂，S.Babila與Duomo地鐵站。中央拱廊下的 Prada 精品店，規模和櫥窗布置都是米蘭數一數二，尤其櫥窗布置天天更新，光是站在櫥窗外欣賞也是一大樂事。其餘還有Replay、Max Mara、Marella、Benetton與naraCAMICE等，以中級品牌為主，觀光價值較實際購物價值高。

# 蒙特拿破崙大道 Via Monte Napoleone
## 世界頂級設計師的最新作品

　　米蘭的蒙特拿破崙大道，聚集了世界頂級設計師的最新作品，有義大利品牌Gucci、Salvatore Ferragamo、Gianni Versace、A Testoni、Emporio Armani、Versus；德國品牌Aigner、Escada；以及法國指標性品牌Louis Vuitton與Kenzo。

# 聖安德列街(Via Sant Andrea)
## 知名品牌店雲集

　　與蒙提拿破崙街交叉的聖安德列街，也是喜歡買名牌服飾者不可錯過的好地方，有Prada、Missoni、Giorgio Armani、Chanel、Moschino、Fendi、Alessi、Trussardi等知名品牌店雲集。

## 史皮卡大道 （Via della Spiga）
### 享受輕鬆優雅的逛街樂趣

此外，也可以再花多一點時間在史皮卡大道，享受輕鬆優雅的逛街樂趣，在這條街上有D&G、Prada、Gucci、Tiffany、Krizia等，標示非常清楚。

## 【羅馬篇】
## Rome
### 古典建築中的購物樂趣

觀光勝地羅馬，談起購物也毫不遜色，西班牙廣場區域集結了世界一流品牌，在當地著名地標——貝尼尼破船噴泉旁，環繞著華麗無比的服裝店與珠寶店，

其中以康多提大道（Via Condotti）為核心，連結附近的波哥諾那大道（Via Borgognona）與波卡‧迪‧雷歐尼大道（Via Bocca di Leone），是可以讓你在古典雄偉的建築風景中逛到過癮的區域。

## 康多蒂街(Via Condotti)
### 高級名店街

從西班牙廣場一路通往波波洛廣場的康多蒂街，屬於高級名店街，集結義大利世界品牌高級服飾、皮件、珠寶等專賣

店，包括有 Gucci 、Prada、Giorgio Armani、Salvatore Ferragamo、Valentino、D&G和Max Mara等，光是浸淫在羅馬特有的慵懶氣氛中，欣賞各家的櫥窗設計，就絕對值回票價。

## 波哥諾那街(Via Borgonona)
### 充滿國際名品的時尚重鎮

與康多蒂街平行的波哥諾那街，也是充滿國際名品的時尚重鎮，在這裡最具氣勢的莫過於義大利老牌－－FENDI，連續三家FENDI大型旗艦店，以世紀末簡約風格的櫥窗設計一字排開，沒錯FENDI的總部就設立於此。

此外在這還可以找到Moschino女裝、Gianni Versace的男女服飾、以及Dolce & Gabbana的服飾皮件等。利用冬、夏兩季折扣期間來此血拼，絕對划算。

## 柯索街(Via del Corso)
### 平價的購物區

貫穿人民廣場、許願池和威尼斯廣場等幾個主要景點的柯索街，屬於較平價的購物區，也是當地人最常逛街的地點，兩旁的商店多屬高貴不貴的商品。

這裡有文藝復興百貨公司（La Rinascente）的分店，規模雖然不大，但是營業到晚上9點，逛完早早打烊的街邊店還不過癮的話，可以繼續在這裡Shopping。

# ★ 法國巴黎Paris,France
## 流行服飾的購物殿堂

除了義大利，Luois Vuitton、Hermes、Chanel等高人氣品牌的起源地－－法國，當然也是敗家女不可錯過的名牌購物天堂。法國流行服飾的起源較其他國家悠久，早年品牌創始人又多將總部設在蒙田大道（Avenue Montaigne）與香榭大道（Champs-Elysee）附近，因此這裡逐漸發展爲全世界名牌最密集的區域，更是流行時裝界的重要舞台。

建議Shopping路線爲由巴黎地鐵一號線的Champs-Elysee Franklin D Roosevelt站開始，從蒙田大道順時針繞一圈，幾乎不會錯過任何重要的品牌。

▌巴黎是名牌迷不可錯過的城市，不但品牌集中，價格也相對合理。圖爲Christian Dior位於巴黎蒙田大道的總部。

# 蒙田大道Avenue Montaigne
## 絕佳逛街環境

蒙田大道與香榭大道交叉，相當寬敞宜人，氣氛更是寧靜優雅，聚集許多名牌旗艦店，包括Escada、Genny、Thierry Mugler、Calvin Klein、Salvatore Ferragamo、Nina Ricci、Max Mara、Valentino、Dolce & Gabbana、Emanuel Ungaro、Prada、Christian Lacroix、Christian Dior、Celine、Chanel、Loewe、Krizia、Jil Sander、Louis Vuitton、S.T. Dupont等。

這麼多的名牌旗艦店一家接一家比鄰而居，讓敗家女完全沒有喘息機會，堪稱是最讓人盡興的絕佳逛街環境。營業時間一般是週一至週六早上10:00至下午7:00，星期天則為休息日，千萬別搞錯時間白跑一趟。

## 聖歐諾黑區路Rue de Fauboury Saint-Honore
令人矚目的Hermes旗艦店

　　聖歐諾黑區路與蒙田大道交叉，與香榭大道平行，一直延伸到充滿知名珠寶店的凡登廣場（Place Vendome），都是讓敗家女駐足留連的名店區。

　　其中最令人矚目的就是從1920年開始在此設立總部的Hermes旗艦店，其餘還有Christian Lacroix、Louis Ferraud、Emanuel Ungaro、Sonia Rykiel、Roberto Cavalli、Gianni Versace、Chloe、Tod's、Salvatore Ferragamo、Christian Dior、Yves Saint Laurent、Valentino、Givenchy、Thierry Mugler、Lanvin、Iceberg、Prada、Gucci、Escada、Max Mara、Hugo Boss等。

## 喬治五世大道Avenue George-V
距凱旋門只有幾百米之遙

　　距凱旋門只有幾百米之遙，並與香榭麗舍大道相連，交叉口就是著名的Louis Vuitton旗艦店，其餘值得一遊的還有一

Hermes、Kenzo、Givenchy 等法國品牌，一直走可以連接至蒙田大道，繼續血拼。

## 凡登廣場（Place Vendome）
**購買名牌珠寶最理想的地點**

敗家女除了名牌服飾與包包，當然也需要幾件珠寶才能相得益彰。位於Ritz酒店附近的凡登廣場是購買名牌珠寶最理想的地點，因為幾乎所有高級珠寶都在此設有旗艦店或大型專賣店，包括Cartier、Boucheron、Van Cleep & Arpels、Chanel、Piaget、Chaumet、Patek Philippe與Christian Dior等。

## 大型百貨公司
**平易近人，種類齊全**

幾乎大部分的法國精品品牌都在大型百貨公司設有專門店，雖然不是販售全系列的商品，但敗家女最愛的包包與鞋子，多數都可以找得到，且每個星期大型百貨公司都會舉辦免費的 Fashion show，雖然比不上各品牌自行舉辦的新裝發表秀，但也是相當有看頭。

除了大家熟悉的春天百貨（Printemps）、老佛爺百貨（Galleries Lafayette）之外，近年來人氣指數飆升的Au Bon Marche，也是非常值得一逛的時髦賣場，搭地鐵10或12線在Sevre-Babylone站下車即可抵達。

# ★ 日本東京Tokyo, Japan
## 服務百分百的購物天地

雖然日本的名牌精品價格比台灣貴，日本美眉也常來台灣撿便宜，但是日本名牌旗艦店的規模卻非台灣可比，服務更是禮貌周到，而由於日本驚人的消費力，許多名牌都會特別針對日本推出限量版商品，是敗家女進階攻略之地。

## 表参道 Omotesando
## 法國巴黎的香榭氣氛

表参道可說是東京最美麗的街道之一，也是東京時尚名品重鎮，所鄰接的青山，更是「歐夏蕾」時髦東京女性最常出沒的地點。這裡除了越開越多的名牌旗艦店之外，更有許多氣氛極佳的歐式露天咖啡座，頗有法國巴黎的香榭氣氛。

從原宿車站開始逛表参道，首先可以看到座落在表参道和明治通相交的「ESQUISSE表参道」，這裡有Chanel以及Gucci旗下的Alexander McQueen、Yves Saint Laurent、Gucci、Bottega Veneta、Boucheron等品牌；再往前走不遠處是還在施工預計於2003年秋天開幕的Christian Dior。

緊接著就是2002年9月剛開幕引起話題的全球最大Louis Vuitton旗艦店；繼續往前走還有 Emporio Armani、Max & Co 以及另一家Gucci專門店。

　　過了青山通則有於2003春天開幕的Prada亞洲最大分店。此外還有Miu Miu、D&G、Anya Hindermarch、Michel Kors、Hugo Boss與Chloe。

## 銀座 Ginza
**貴婦名流的最愛**

　　東京最名貴的區域——銀座，一向是貴婦名流的最愛，除了高貴的松屋與春天百貨之外，更聚集了數不清的名牌專門店。最熱鬧的銀座通在週末成為行人徒步區，有街頭藝人現場表演爵士樂，加上特色柳樹迎風輕拂，與充滿歐洲風情的建築，是相當有氣質的購物環境。

　　銀座的名店聚集在三條主要大街上，分別是銀座通、並木通與晴海通。

　　由銀座通二丁目起，有Tiffany & Co.、Louis Vuitton Chaumet、Furla 、Van Cleef & Arpels、Tods、Bottega Veneta、Bvlgari、Prada、2003年春天開幕的Salvatore Ferragamo、Lancel與Hugo Boss。在與銀座通平行的並木通上，則有Coach、Boucheron、Salvatore Ferragamo、Max Mara、Christian Dior、Cartier、Chanel、Gucci、Fendi、Loewe等；而夢幻的愛馬仕旗艦店與Longchamp則位於連接並木通與銀座通的晴海通上。

# ★ 香港Hong kong
## 亞洲的名牌購物天堂

　　鄰近的香港向來有購物天堂的美譽，雖然近年來因匯率關係，價格不如以往誘人，但是國際化的購物環境，齊全集中的品牌選擇，還是值得敗家女去挖寶。尤其遇上折扣季時，無論是頂尖名牌或是一般大眾化服飾，都會下到最低的折扣，如平時昂貴的Prada、Gucci、Fendi、DKNY、Ferragamo等名牌，在此時都有七到五折的優惠，更會讓人買到欲罷不能。此外香港還有許多商品暢貨中心(Outlet)和二手衣店，平時就專賣物美價廉的名牌過季品，折扣季時，更會推出超低的驚喜價，就算一次買好幾件名牌，也不會有罪惡感。

## 置地廣場Landmark
### 交通：地鐵中環站

　　位於中環皇后大道中的置地廣場，是許多人都知道、歷史悠久的名牌精品購物中心，只要是來香港購物，應該絕對不會錯過這裡。Gucci、Versace、Prada、Joyce、Louis Vuitton、Christian Dior、Dolce & Gabanna等高級名牌，都可以在這裡找到，更有人行天橋相連至擁有Chanel、Cartier與Boss等品牌的太子大廈，寬廣舒適的購物空間、櫥窗佈置各具風格，即使不血拼也值得一逛。

## 太古廣場Pacific Place
### 交通：地鐵金鐘站

名牌

　　位於金鐘的太古廣場，是集合商業大樓、會議中心、酒店、購物中心、飲食與休閒娛樂的複合式空間。這裡也是名牌如雲，除了Burberry、Christian Dior、Celine、Chloe、Chanel、D&G、Gucci、Hermes、Loewe、Louis Vuitton、Miu Miu、Prada、 等服裝皮件外，更有Bvlgari、Cartir、Tiffany等珠寶精品，以及Lane Crawford、Joyce與Marks & Spencer百貨。

## 海港城Harbour City
香港最大的購物中心

　　海港城是香港最大的購物中心，位於九龍最繁榮的尖沙嘴，前身是1966年成立的海運大廈，現已發展成由四個不同購物區所組成、超過700家商店、50家餐廳與3家高級酒店的一站式休閒購物去處。這裡的品牌包括了Blumarine、Burberry、Calvin Klein、D&G、Escada、Gucci、Joyce、Louis Vuitton、Max Mara、Miu Miu、Moschino、Salvatore Ferragamo等。

## 香港機場
離港前最後一次機會

　　若在香港逛得不過癮，在離港前還有最後機會，那就是香港機場。新的香港機場面積相當大，為了符合香港「購物天堂」的美譽，當然設立了許多名牌專門店，包括Alfred Dunhill、Bally、Burberry、Bvlgari、Fendi、Gucci、Hermes、Nina Ricci與Salvatore Ferragamo，每間專門店都有一定的規模，款式選擇也相當多，敗家女非常有可能會在此再度荷包大失血。

# ★ 美國比佛利山莊Beverly hills
名人巨星的購物殿堂

　　還記得在電影「麻雀變鳳凰」中，理察吉爾帶茱莉亞蘿勃茲瘋狂血拼的名牌街嗎？那就是有名的羅德歐大道（Rodeo Drive）。羅德歐大道位於比佛利山莊(Beverly Hills)，是洛杉磯最高級昂貴的購物區，幾乎聚集了所有世界名品，舉凡Bally、Chanel、Cartier、Fendi、Gucci、Giorgio Armani、Louis Vuitton、到Tiffany等一流精品，都可以在這裡找到。

## 羅德歐大道 Rodeo Drive
名人購物的最佳去處

　　由於比佛利山莊是眾多好萊塢國際巨星、導演、製作人及富豪居住之地，因此Rodeo Drive名店街自然成為名人購物的最佳去處。據說本地的高級精品店，都有專門為這些名人貴客們所準備的VIP室，讓他們能在不被一般顧客打擾的情況下，盡情的血拼，擲下大把鈔票。羅德歐大道這個購物區其實是由威遜大道(Wilshire Blvd.)、小聖塔摩尼卡大道(Little Santa Monica Blvd)與新月大道（Canon Drive）三條街所構成的「黃金三角」(Golden Triangle)範圍。這裡的每個品牌都擁有氣派獨立的店面裝潢，即便不是總店也是規模一流的大型旗艦店，瀏覽櫥窗中美麗的衣飾、皮件與珠寶，就算不買東西純Window Shopping都讓人十分滿足。這區也有許多特色露天咖啡屋與餐廳，逛累了不妨坐下喝杯咖啡，欣賞不斷開過身旁的豪華加長轎車及拉風跑車，感覺一下好萊塢巨星的購物情調，也別有一番樂趣。

**名牌**

　　羅德歐大道從小聖塔摩尼卡大道(Little Santa Monica Blvd)開始，兩旁即有許多名店，421號的Rodeo Collection外表如同一個小型高級住宅，其中有Gianni Vcrsace與藝廊餐廳等40多家名店。之後經布萊頓街(Brighton Way)一直伸展至威遜大道(Wilshire Blvd)，有Cartier、Bernini、Salvatore Ferragamo、Bally、Louis Vuitton等。戴頓街(Dayton Way)與羅德歐大道交會處的2 Rodeo Drive，沿著小緩坡兩側有許多名店，不僅充滿歐 洲 風 味， 更 有 一 股 懷 舊 復 古 的 魅 力。 另 一 側 由Kaplan/McLaughlin/Diaz於1990年設計的西班牙式階梯，是觀光客停留拍照的熱門地點。

　　繼續往羅德歐大道直走，就是眾多好萊塢巨星與富豪們居住的比佛利山莊。一排排獨門獨棟的百萬豪華別墅與優美的街道環境，搭配高貴國際名品，的確是相得益彰。坊間眾多八卦雜誌都曾偷拍到巨星們穿著輕便在此購物的照片，因此在羅德歐大道購物時，可得睜大眼睛仔細瞧，說不一定你會發現在你身旁的就是葛妮絲派特洛或布萊得彼特喔！

## 布萊頓街　Brighton Way
### 新銳設計師的作品

　　除了羅德歐街外，布萊頓街(Brighton Way)也有Emporio Armani、Prada與許多新銳設計師的作品，而在Madison Shoes與Maraola，則可買到Miu Miu、Dolce & Gabbana、Giorgio Armani、Todd Oldhamm與Ralph Lauren的男女鞋。

## ★ Flagship
### 傳說中的名牌旗艦店

　　時尚品牌最重視的就是品牌形象，因此專賣店存在的主要目的除了銷售外，就是藉以表現品牌的等級與定位，並傳遞品牌形象與精神。一般而言高級精品多需要大坪數的空間，並輔以精緻的設計與裝潢，以及專業的燈光演出，才能表現出品牌的氣勢，以及產品的質感。因此旗艦店的最初意義，就是面積達到一定標準(每個品牌標準不同)，內部設計與裝潢能夠充分表達最新品牌意識形態的大型專賣店。而這些高級精品隨著業績不段攀升，更是意識到品牌形象的重要與價值，因此不斷在世界主要市場開出大型旗艦店，以塑造出令人憧憬的品牌印象，甚至更出現了所謂全球概念店等更加氣派奢華的新店。

▎頂級名牌不斷在全球展店，亞洲更因驚人的消費力，而成為發展重點。目前越來越多的品牌也在台灣開出規模可媲美國際的全球旗艦店。

## 東京表參道的 Louis Vuitton
### 地址：東京澀谷區5－7－5 （表參道上）

　　縱使日本消費長期陷於不景氣，但是日本人對於國外名牌仍是趨之若鶩，尤其是Louis Vuitton，在日本市場營業額甚至超過千億日圓，成為第一家於日本突破千億營業額的外國名牌，佔了Louis Vuitton全球市場的三分之一；若是加上日本人到海外購買的數量，大約達市場一半左右。

如此傲人的業績，使得Louis Vuitton逆勢操作，陸續在日本開出大型旗艦店，繼2001年11月於銀座設立面積達1230平方米、創下每天訪客人數達近8000人的旗艦店之後，全球最大旗艦店也在2002年9月1日於東京表參道開幕。

表參道旗艦店是Louis Vuitton在日本開的第44家店，也是該品牌在日本開的第七家「全球旗艦店」，由日本名建築師青木淳設計，十層樓的建築物全部以金屬骨架建構，裡外均採用反光玻璃材質，明亮耀眼。所有空間的形狀都似直角的箱子，提醒人們Louis Vuitton是以賣行李箱起家的淵源。開幕當天，現場有超過1500名LV迷在門口排隊等待進場，隊伍長達1公里，而排在最前面的瘋狂顧客甚至兩天前就來等候，造成的轟動由此可見。

### 各樓層陳列介紹

店內B1到4樓都是賣場，其餘的樓層則是辦公室與多功能大廳。

● **B1**：主要是男士用品與服裝，甚至有Damier圖案的男用三角內褲，售價是28,000日幣；1樓則是以Damier City Bag與Louis Vuitton Cup等新品為主，從中還可以欣賞表參道上的茂密綠蔭，有非常尊貴閒適的感覺

● **2樓**：有文具系列、高級飾品、新作Timebour手錶與部分City Bag，值得一提的是樓梯間裝飾有魔鏡，可看見Louis

Vuitton的包包，讓人分不出是實品還是影像，有如身處幻境，而手錶的盒子竟然附有放大鏡，是獨別出心裁的設計。

● **3樓**：陳列的是女裝與鞋子，從格子花紋的玻璃窗眺望表參道，看到的風景都帶有LV的色彩，是充滿療感的流行空間。

● **4樓**：以旅行箱以及Monogram為主的樓層，也是人氣最旺、最擁擠的一層，所有的服務人員均一直處於忙碌狀態。

● **5樓**：是帶有神秘色彩的VIP室，一般客人並無法進入，僅招待名人與VIP顧客，據說裡頭還有視野極佳的露台，但真相如何並無法證實。

　　為了慶祝表參道旗艦店開幕，Louis Vuitton設計出印有「OMOTESANDO 2002」的Monogram與Damier各1000個限量款包包，一推出就被超級死忠的日本LV迷搶購一空，因此台灣消費者並無緣擁有。不知道台灣何時才有如此高的消費力，能夠讓Louis Vuitton特別發行限量款，不過在這之前，還是趕緊到Louis Vuitton表參道旗艦店來逛逛吧！這個連當地日本人都會在瘋狂採購後，手提大包小包LV棕色購物袋在門口拍照留念的地點，已成為世界Louis Vuitton迷必參觀的朝聖之地。

## 東京銀座的Hermes
地址：銀座5-4-19（晴海通）

　　繼Louis Vuitton與Chanel在銀座成立獨棟旗艦店之後，Hermes也於2001年6月28日在銀座盛大開幕，成立了號稱亞洲

**名牌**

最大的旗艦店。雖然Hermes的產品從皮包、皮鞋、手錶、首飾、絲巾、到文具都價格不斐，被喻為「名牌中的名牌」，但日本粉領族仍是全世界消費最大宗，幾乎人人都以擁有一個凱莉包或柏金包為終身職志，完全不受日本長期疲軟的經濟與不景氣所影響。

位於銀座五丁目的愛馬仕大樓由義大利著名設計師倫佐皮亞諾（Renzo Piano）所設計，整棟大樓全部由45㎝×45㎝的玻璃磚所砌成，半透明的外觀，彷彿是個大型玻璃燈籠，更像個由透明積木堆砌出的多寶格，象徵著Hermes以精製手工打造出來的皮件精品王國，充滿旖旎風情。

隨著銀座日夜不同光線而改變外觀的愛馬仕大樓，到了夜晚更宛如鑽石般透射出七彩光芒，而在玻璃牆內購物的消費者，就像是櫥窗中的展示品，成為人人欽羨的對象。愛馬仕大樓樓高11層，總面積為1150平方米，相當於348坪。地下一樓到四樓全部都是商品賣場，雖然目前人氣皮包款式即使現在預定也要三年後才能拿到貨，但是消費者還是願意到此一遊體驗愛馬仕的精緻商品。五樓則是修理中心，只要是Hermes的產品，不論是故障還是破損，都可以在此接受尊貴的修理服務。

愛馬仕目前在日本仍維持兩位數的成長速度，是敗家女夢寐以求的品牌，而這棟玻璃磚大樓更已成為銀座的新地標，是觀光客與當地消費者必遊覽之地。就算買不起動輒數十萬的愛馬仕皮件，去欣賞一下融合時尚、藝術與建築的愛馬仕旗艦店，也算是不錯的選擇。

# 香港中環的Armani/Chater House

地址：香港中環Chater Road與Pedder Street交叉口

　　旗下品牌甚多的Armani集團，斥資數百萬美元，於香港中環設立了一個佔地三千平方米的複合式購物空間－－Armani/Chater House，這是Armani集團繼米蘭Armani/Via Manzoni之後，全球第二、亞洲最大的旗艦店，也是全球第二家一站式購物概念店。充滿後現代感的設計，販賣的不僅是時尚，更提供了城市內的藝術休憩空間。

## 各樓層陳列介紹

　　Armani/Chater House由三個樓層組成，齊集Armani旗下所有的品牌，包括各線服裝、珠寶首飾、化妝品、花店、書店、家具以及餐廳。建築設計極具特色，無窗設計的高

▌香港的中環與金鐘也是血拼的好據點。圖為Armani為於金鐘的全新概念複合式旗艦店

聳岩石外牆構成了整棟建築的底部。

● **地下樓（Ground Floor）**：陳列的商品是Giorgio Armani男女裝。

● **一樓**：則有Giorgio Armani、Emporio Armani Accessory、以及採用不透光玻璃與長石桌面的Armani Flori花店、充滿藝術空間情調的Armani Libri書店、與Giorgio Armani Cosmetics（化妝品）。

● **二樓**：則以巨型窗呈現光影交錯的變化，商品的組合包括了Emporio Armani男女裝與AJ/Armani Jeans。在這層樓還有以大型紅色蝴蝶結光柱貫穿點綴的Emporio Armani Cafe，佔地5000多呎，可容納140個座位，還設有DJ台與舞池，彷彿走入了裝置藝術的美術館。
此外，亞洲首家家具專門店——Armani Casa也位於此，舉凡傢俱、餐巾、床單、燈飾、桌上用品等應有盡有，洗鍊的風格與舒適的氣氛，讓逛街充滿了樂趣，更添了份藝術氣息。

　　香港最熱鬧的中環，每天都吸引三、四萬人潮，在Armani/Chater House開幕之後，又多了一個新地標，人氣更加扶搖直上。有機會來到香港，千萬不可以錯過這個全新概念的Armani複合式旗艦店，體驗簡約俐落的Armani都會購物空間。

# 紐約東57街的Burberry

地址：美國紐約曼哈頓東57街9號

繼倫敦新龐德街的新概念旗艦店之後，Burberry全球最大旗艦店出現在流行之都－紐約。

位於第五大道與Madison大道間的東57街，一直是紐約最重要的高級名牌區，Burberry選擇在此設立全球最大旗艦店，無疑宣示了其積極成長的策略與野心。Burberry紐約旗艦店佔地24,000平方英呎，共有六層樓高，展示了Burberry旗下Burberry Prorsum與Burberry London的完整產品，包括男裝、女裝與童裝，從ready-to-wear、配飾、高爾夫球裝、太陽眼鏡、手錶到香水一應具全。

最特別的是，這裡出現了全球唯一的「The Art of the Trench」(風衣的藝術)與「Burberry House」。前者提供Burberry trench風衣訂作服務，後者則是Burberry全新的禮品與佈置品系列。

2002年Burberry持續擴張，在全球設立新概念專門店，包括巴塞隆納、奧蘭多、佛羅里達以及紐約的蘇活區，倫敦的第二個旗艦店也於2002年11月在騎士橋（Knightsbridge）開幕。這些新概念店均以現代摩登的空間設計，襯托濃厚的英倫傳統與氣質。2003年下半年Burberry更會在米蘭開出義大利第一個旗艦店，值得大家拭目以待。

Part

IV

## 只是愛上流行－－名牌購物紀實

不知從哪一天開始，發現了一種獨特的視覺品味，
也許不是一種迷戀，應該是一種生活態度吧！
其實，
只不過是愛上了一個叫「名牌」的……

## 【我的名牌購物經驗談】

一旦開始接觸精品名牌，就會情不自禁的愛上它，因爲其代表了生活品味與對美的鑑賞力。與其說是對名牌的物質慾，倒不如說是一種生活態度，在欣賞、了解、擁有名牌的同時，更加了解自己的風格，也對自己更有自信。

購物名牌，除了實際購買行爲之外，整個過程其實是很儀式性的。從調整心情走入充滿該品牌風格的專賣店、欣賞一件件如藝術品般陳列的商品、到仔細把玩或嘗試自己喜歡的單品，不論最後有沒有購買擁有，自己內心對於名牌的價值觀都會有所轉變。

不論是洽公或旅遊，人到了國外，似乎對於購物的自制力就會大幅降低，尤其是名牌發源地的法國與義大利，整個購物環境都似藝術品般，有種魔力讓人情不自禁就掏出信用卡。再加上選擇齊全、價格又比國內便宜，放肆的Shopping似乎合理化了。

## 【逛街篇】
## Paris experience 1
漫長的等待－－巴黎

巴黎眞是名牌購物的天堂，不但名牌旗艦店林立，所在區

域位置也相當集中，價錢更是比台灣便宜許多。以Louis Vuitton為例，大約是台灣的7—8折左右，也因此在香榭麗舍大道的總店，顧客總是絡繹不絕，甚至大排長龍。

　　記得幾年前第一次到巴黎，朋友託我買一個Speedy的包包，由於當時並不清楚其他分店的位置，一到巴黎就立刻直奔Louis Vuitton總店。之前已經聽說不少日本觀光客會一早搶在開店前就去排隊，所以特別挑了快關店的時間前往，希望人會少一點，沒想到大批的顧客還是在店門口排起了長長的隊伍，由門口兩個體格壯碩魁武的警衛維持秩序。

　　為了不負所託，我也只好硬著頭皮開始排隊，排隊的顧客幾乎全是亞洲人，其中又以日本人最多，其次則是大陸與台灣人，往來的巴黎人看到我們這群亞洲人在Louis Vuitton大門口排隊的樣子，莫不搖頭竊笑，當時的感覺真的很糗。

　　在門外排了約40分鐘後，終於進入店內，以為可以馬上開始大肆採購，沒想到還是要在店裡繼續排隊，而且是像遊樂場一樣繞著圈排。這裡的服務方式就像是銀行櫃檯一般，服務人員站在不同的櫃檯後，服務完一個客人之後，再輪到下一個排隊的客人。

　　其實說真的，並沒有太高的服務品質，因為一般客人必須把時間花在排隊等待，並沒有辦法隨意瀏覽，必須是先看目錄，再請服務人員拿實品過來，除非已經事先想好要購買的品

項，不然真的很難決定。而且服務人員的態度並不是太友善，似乎對亞洲人這種狂買名牌的行為不以為然，讓人有花錢又受氣的感覺。

這一等又是一個多小時過去，已經過了營業時間，大門都下了鎖，不再讓客人進來，不過對於在裡面排隊的客人還是會服務至完畢為止。就這樣一共等了兩個小時，好不容易輪到排在我前面的日本男生，他要買一個長型皮夾，沒想到竟然缺貨，但是已經排了這麼久的隊，怎能如此輕易放棄，於是他退而求其次，要買一個六孔的鑰匙夾，沒想到還是缺貨，最後他只好選了一個四孔的鑰匙夾，真不知道花了這麼多錢，到底買到的是不是自己真正喜歡或需要的東西？

本來那次並沒有為自己買東西的打算，但花了這麼久的時間等待，雙腿又痠又麻，不犒賞自己似乎有點說不過去，於是也就買了名片夾與一個Musette Salsa，算算價錢真的比台灣便宜2一3成，長久的等待也算值得了。

Louis Vuitton總店雖然對觀光客的服務態度不佳，但是對於當地的法國VIP大買家卻是非常殷勤，有專人直接迎接至地下室的VIP區，還有咖啡、紅茶伺候，和觀光客的待遇完全不同。

若有機會去巴黎購物，給你一個良心的建議，不要在Louis Vuitton香榭麗舍總店排隊購買，因為客人真的太多，且缺貨的

機會很高，既浪費時間又買不到想要的貨品，真的很不划算。不過，若經過時發現客人少又不必排隊的話，不妨進去逛逛，瞧瞧氣派的裝潢與陳列。

## Paris experience 2
跑遍了Louis Vuitton專賣店－－巴黎

　　另一次的購物經驗則是讓我跑遍了巴黎的Luois Vuitton專賣店。那一次有好幾個朋友託我買Louis Vuitton的東西，甚至有重複的品項，於是我先去香榭麗舍的總店碰碰運氣。那天蠻幸運的，並沒有人在門口排隊，於是我就進去直接告訴服務人員要買的品項，但是沒想到服務人員竟然說，除了其中一、二個品項只剩下最後一件之外，其餘的都缺貨，但我明明看見其他的服務員從倉庫中把相同的東西拿給別的客人。於是我就很生氣的直接問他，他的回答也很不客氣：我們就是不能賣給你這麼多。

　　原來有許多大陸人會一次買很多Louis Vuitton，再回去內地以高價轉賣，Louis Vuitton為了控制貨品在外流通的數量與品質聲譽，對於亞洲顧客，特別是大陸人，會管制一次購買的數量。其實我在巴黎LV總店外也碰過大陸人掏出大把的現金，託我幫忙進去買東西，為了避免麻煩，我當然是拒絕了，我想這些人應該已經被列為拒絕往來的黑名單了吧！

　　在一家店沒有辦法買足所有的東西，我只好多跑幾家店以

達成任務。幾乎所有的分店最多都只賣給一個客人兩、三件皮件，保護品牌的動作十足，而且受歡迎的品項缺貨的情況眞的蠻嚴重的。那次我去了香榭麗舍總店、拉法葉百貨店、Au Bon Marche（波瑪榭百貨店），以及Saint Germain（聖哲曼店），才買齊了所有朋友要買的東西，包括了3個Speedy 25、3個名片夾、1個Petit Noe、1個Bucket、1個盥洗包。

在這邊特別推薦Louis Vuitton Saint Germain（聖哲曼店），雖然這家分店只有賣皮件與皮鞋，也不是特別豪華，但充滿了古典與藝術的氣息，特別有Louis Vuitton所強調的旅行精神，參觀完著名的Saint Germain（聖哲曼）教堂後，不妨走過對街逛逛這家Louis Vuitton。

買完了這麼多Louis Vuitton，機場退稅也是一個傷腦筋的大工程，由於海關可能會要求檢查退稅的物品，且退稅櫃檯位於Check in之後才能進入的管制區，所以要辦理退稅的東西都不能打包裝箱，必須用手拎著，在擠得水洩不通的退稅櫃檯廝殺一番之後，再一路提回台灣。不過在法國退稅額高達13％因此，換算回來，除了定價本來就便宜外，退稅更等於額外打了87折，在法國購買Louis Vuitton眞的很划算。

# Cannes experience
## 服務友善——坎城

在坎城逛名牌專賣店是很享受的一件事，因爲所有的品牌

都集合在Boulevard de la Croisette（十字大道），旁邊就是法國著名的蔚藍海岸，在閒適的氣氛下，一邊欣賞名牌的精美服飾與櫥窗，一邊沉浸在海天一線的美景中，真是人生一大樂事。

由於到坎城逛街購物的多是觀光客，所以這裡名牌專賣店的服務人員，比較不會依顧客的衣著打扮來衡量其購買力，也沒有大小眼或態度惡劣的情況發生，算是蠻友善的購物區。

在坎城的Louis Vuitton專賣店，我見識到名牌對於品質的堅持，與對客戶滿意承諾的重視。當時我買了一條皮帶作為給老公的禮物，由於皮帶長度過長，因此我要求服務人員修剪到符合老公腰圍的長度，以便回到台灣後可以馬上使用。

但是服務人員一開始卻拒絕我的要求，他希望能夠現場實際丈量客人的腰圍，以免修剪後的尺寸不合，使客人買到不滿意的產品；不然就是等回到台灣，再帶我老公到台灣的專賣店修改，以達到最精確的尺寸。由於我很清楚實際的尺寸，且這是一份禮物，我不希望還要再跑一趟台灣的專賣店，所以我堅持請他幫我修改。

僵持了一段時間之後，服務人員也只好妥協，順從了顧客的要求，但他還是不斷地勸說，希望我改變心意，以免發生任何差錯，損害了顧客對Louis Vuitton產品的信任。

名牌

# Sydney experience
## 態度親切——雪梨

　　雪梨雖然是個國際化的大都市，但是一般澳洲人對於名牌卻不太狂熱，他們偏好的是休閒式的打扮，因此時尚名牌的市場並不大，旗艦店也多半只有一家，觀光客更是貢獻了不小的業績，不似小小的台北，各區都可見到主要品牌的大型專門店。

　　當我去逛位於雪梨港旁The Rock（岩石區）的Downtown Duty Free（市內免稅店）時，發現這裡的Gucci與Louis Vuitton的規模都不小，但店內的客人清一色是亞洲人，採購盛況不遜於在巴黎的Louis Vuitton，只不過不需要排隊，試穿、試戴的情況也相當踴躍。也許服務人員了解亞洲客人個個是深藏不露的大買家，因此態度都非常親切，甚至可以洋腔洋調的說上幾句日文與中文，這種友善的服務態度是在別的國家很少見的。

　　此外，這裡也有相當高比例的亞裔服務人員，讓觀光客覺得備感親切，也更樂於掏腰包購買。只不過Gucci與Louis Vuitton在澳洲的價錢並不比台灣便宜，維持在差不多的水準，精打細算的消費者，可能不會選擇在這裡購買，但對國內精品價格高得嚇人的日本觀光客而言，雪梨應該已經算是購物天堂了吧！

# Taipei experience

## 視穿著決定服務品質－－台北

　　說實話，台北的名牌專賣店服務人員，對於一般顧客的態度都不算太親切，除非是已經非常熟悉的主顧客，不然他們多半會以顧客當天的穿著，來判斷顧客是否是真的會掏腰包購買的大戶，還是只是隨便看看的路人而已。

　　對於一般的客人他們通常都不太搭理，或是用銳利的眼神把你從頭到腳打量一番，若沒有足夠的自信或心理準備，還真的讓人很懷疑是否自己不受歡迎呢！也因此我的許多朋友在要去逛名牌店的時候，都會稍微注意一下自己的行頭是否有一、兩件名牌，等於向門市人員宣示，自己是名牌使用者，是有消費潛力的，以免屆時遭到門市人員的大小眼。

　　不過，我總覺得，既然開店營業，就應該歡迎所有的客人，而且若你不走進店裡，是無法真正認識這些品牌的。因此，我建議大家應該多去名牌店逛逛。以我自己為例，我會先從雜誌或網路上研究當季的設計與新品，了解該品牌當季的風格之後，再到專賣店看實品。

　　雖然多半門市人員都不會主動或殷勤的接待，但當你要求他拿某個款式給你看的時候，他們的態度多半還是很客氣，在談話間若發現你對於品牌有某種程度的了解後，他們會更加友善與積極，也就是說顧客的態度越自然大方，越能得到優質的

服務。

　　目前在台北各大品牌幾乎都有旗艦店或專門店，去逛逛眞的非常方便，一定要親身體驗、多研究，才會眞正發現這些產品的價值，也才能發現眞正適合自己的品牌，而不會只是因爲品牌的Logo或使用名牌的虛榮心而渴望擁有。

## 【郵購篇】
## Mail-order experience
方便便宜卻忐忑不安

　　現在有很多購物網站或郵購公司開始販售名牌精品，這些商品多半是從法國與義大利以眞品平行輸入，也就是所謂的水貨，因此價格比專門店便宜一些，但實際上也可能有不肖廠商將A貨（模仿得非常像的贋品）摻雜在其中販售，因此，最好在信譽良好的公司採購。

　　我曾經利用郵購目錄購買過Gucci的包包，價格約爲門市的85折，且可以無息分期付款，每個月只要負擔約1,000元的費用，可說是輕輕鬆鬆就能擁有名牌。但當我收到產品時，仔細端詳那個包包，卻越看越覺得是仿冒品，似乎車線有點歪斜、似乎五金有點問題，越看心中越是不安。

　　於是我馬上打電話給郵購廠商向他們詢問，他們的態度很

公開，表示所有的產品都是從國外直接進口，有進口報單等文件，可以傳真給我以茲證明，但若我還是覺得不妥，隨時可以退貨，我聽了之後安心不少。但我還是去了Gucci的門市，佯裝是有興趣的顧客，請服務人員拿同款包包給我看，在我仔細檢查可疑之處後，結果發現純粹是自己心理作祟，自己嚇自己。

　　但是經過這次經驗後，我還是覺得在專門店購買比較有保障，也不必提心吊膽，不論是產品出了問題，還是要維修保養，都有公司與專人負責。不過郵購或網路訂購，在價格上是真的比較便宜，且多半有7天內不滿意可退貨的保證，因此，若是向信譽還不錯的廠商購買，也不失為一種新型態的另類通路。

Brand name

## 【附錄一】

### 名牌怎麼唸？

　　認識一個人，除了長相，名字也是最基本的識別符號。認識名牌也是相同的道理，談了那麼多品牌歷史、設計風格、Logo識別等，究竟這些名牌的名字該怎麼唸？正確發音為何？也許因為名牌的設計與Logo風格鮮明，導致識別符號太過視覺化，大家習慣以Logo圖案、品牌標誌、以及風格來認識某品牌，而忽略了「品牌的名字到底該怎麼唸？」的問題，所以遇到不確定品牌發音的時候，不是以品牌縮寫簡稱，如LV、CD，就是以常見的中文譯名來說，如香奈兒、愛馬仕。

　　其實品牌的正確發音連有些經常購買的VIP都不見得知道。其實這也難怪，因為大部分的名牌出身歐洲血統，尤其是法國與義大利，這些歐洲的品牌雖然同樣用的是與英文相同的羅馬拼音，但是發音規則可大不相同，而且有的品牌名字一長串，並不是英語系常見的字，要以英文慣用發音方式來唸都相當困難了，何況是再學會其正確發音。以Louis Vuitton為例，Louis中的s在法文中是不發音的，因此正確唸法是路易威登（luyi viton），而非路易斯威登；Yves Saint Laurent中Yves的s同樣不發音，且Laurent的念法完全不是我們熟知的羅倫（Lorent），而是羅轟（Lohon），因此聖羅蘭的譯名不完全是忠於原音，也考慮到意境的優美。義大利品牌Hermes的發音規則

更是不同，H不發音，因此正確唸法是厄爾瑪仕（ermes），而非直覺的照英文音標整個拼出來。

雖說英語是世界共同語言，但在流行工業裡，法國與義大利才是領導者，主要的時裝週也於巴黎與米蘭舉行，所謂領導者創造規則，媒體在報導這些品牌時，也多以法文或義大利文原音重現，尤其是受到市場高度關切的重量級品牌，其品牌名稱已經不同於一般的人名、地名、或事物，成為一種Icon標誌與象徵，為了尊重這些品牌與創辦人，還是儘量以正確的發音來稱呼吧。不過也不需太過擔心，因為大部分的品牌以英文或原文來發音差距並不大。如Prada、Christian Dior、Armani、Fendi等都是按照我們熟悉的英語發音規則來念就相當正確了。

另外一個有趣的現象就是，台灣人經常以Logo的標誌來稱呼某品牌，如LV（Louis Vuitton）、CD（Christian Dior）、Yves Saint Laurent（YSL），其實這並不是正確的說法，因為這些品牌雖然Logo的字母簡寫為此，但在國外卻並沒有人這樣稱呼，若和法國人以字母簡稱提到這些品牌，他們可能會一頭霧水。不過發音太長的品牌一般人在稱呼時還是會小小的偷懶簡略一番，如以Dior代表Christian Dior、以Dolce代表Dolce & Gabbana等。不過溝通的目的是彼此了解，在台灣以大家都熟知的唸法來稱呼這些品牌，也不是件壞事，就像在日本所有的品牌都被翻譯成片假名發音，也沒有人覺得奇怪或不對，依然大受歡迎。

# 【世界知名品牌中文譯名一覽表】

| 品牌名　　中文譯名 | 品牌名　　中文譯名 |
|---|---|

### A

Aigner 愛格納

Alexander McQueen 亞歷山卓麥昆

Anna Molinari 安娜莫里納瑞

### B

Bally 貝里*

Balmain 布爾曼*

Blumarine 布魯瑪琳*

Burberry 帛柏利*

Bvlgari 寶格麗

Calvin Klein 卡文克萊

### C

Catier 卡地亞

Celine 思琳

Cerruti 賽路提*

Chanel 香奈兒

Charles Jourdan 查爾斯卓丹

Chole 克羅埃

Christian Dior 克麗絲汀迪奧

Christian Lacroix 克麗絲汀拉克華

Coach 寇其*

Comme Des Garcons 川久保玲

### D

D&G　　D&G

Dolce& Gabanna 朵且迦巴納*

Donna Karan 唐娜凱倫

### E

Emanuel Ungaro

　　　　埃羅紐埃爾溫加羅*

Exte 伊克斯提*

Fendi 芬迪

### G

Gianfranco Ferre 吉安法克費瑞*

Gianni Versace 凡塞斯

Giorgio Armani 亞曼尼

Givenchy 紀梵希

Gucci 古馳

### H

Hermes　愛馬仕

### I

Issey Miyake 三宅一生

**J**

Jean Paul Gaultier 尚保羅高提耶
Jil Sander 吉兒珊德*
Joan & David 瓊安大衛*
John Galliano 約翰加利亞諾*
Junya Watanabe 渡邊純一

**K**

Katharine Hamnett 凱薩琳漢寧*
Kenneth Cole 肯尼斯寇爾*
Kenzo 高田賢三

**L**

Lagerfeld 拉格菲爾
Lanvin 浪凡
Loewe 羅威
Louis Vuitton 路易威登

**M**

Marc Jacobs 馬克傑卡布斯
Missoni 米索尼*
Miu Miu Miu Miu
Moschino 莫斯奇諾*

**N**

Nina Ricci 蓮娜莉姿

**P**

Paul Smith 保羅史密斯

Prada 普拉達

**R**

Ralph Lauren 　羅夫羅倫
Roberto Cavali 　卡瓦利*

**S**

Salvatore Ferragamo 菲爾格慕
Sonia Rykiel 桑麗卡
Stella McCartney 史黛拉麥卡尼*
Swarovski 施華洛世奇

**T**

Tiffany 　蒂芬妮
Trussadi 楚沙迪*

**V**

Valentino 范倫鐵諾
Versus 　凡薩斯*
Vivienne Westwood
　　　薇薇安魏斯伍德*

**Y**

Yohji Yamamoto 山本耀司
Yves Saint Laurent 聖羅蘭

**Z**

Zucca 路卡*

*表示為音譯

shopping

## 【附錄二】

### 何處買名牌－－十大名牌旗艦店與專賣店

#### Burberry
台北

| | | |
|---|---|---|
| 微風廣場1F | 台北市復興南路一段39號1樓 | Tel: (02)6600-8888 |
| 新光三越南西店1F | 台北市南京西路12號1樓 | Tel: (02) 2568-2868 |
| 大葉高島屋1 F | 台北市忠誠路2段55號1樓 | Tel: (02)2381-2345 |

#### Chanel
台北

| | | |
|---|---|---|
| 麗晶精品B1 | 台北市中山北路2段39巷3號 | Tel: (02) 25643128 |

台中

| | | |
|---|---|---|
| 廣三SOGO二館1F | 台中市台中港路423號 | Tel: (02) 23192928 |

高雄

| | | |
|---|---|---|
| 漢神百貨1F | 高雄市成功一路266-1號 | Tel: (07) 2917151 |

#### Christian Dior
台北

| | | |
|---|---|---|
| 麗晶精品 B1 | 台北市中山北路2段39巷3號 | Tel: (02) 2562-2700 |
| Sogo敦南店1F | 台北市敦化南路1段246號 | Tel: (02) 2772-2285 |

台中

| | | |
|---|---|---|
| 廣三SOGO | 台中市台中港路1段423號 | Tel: (04)2329-1880 |
| 新光三越台中新天地 | 台中市台中港路2段111號 | Tel: (04) 2251-2168 |

**台南**

新光三越台南新天地　　　台南市西門路1段658號　　　Tel:（06）303-0111

**高雄**

漢神百貨3F　　　　　　　高雄市成功一路266-1號　　　Tel: (07) 215-6886

# Fendi
**台北**

SOGO敦南新館1F　　　　台北市敦化南路1段246號　　Tel: (02) 87719128
新光三越南西店1F　　　　台北市南京西路12號1樓　　　Tel: (02) 255117968
大葉高島屋1F　　　　　　台北市忠誠路2段55號1樓　　Tel: (02)28377208

**台中**

新光三越百貨　　　　　　台中市台中港路1段299號2樓　Tel: (04) 22510559

**高雄**

漢神百貨3F　　　　　　　高雄市成功一路266-1號　　　Tel: (07) 2160646

# Giorgio Armani

專賣店　　　　　　　　　台北市仁愛路四段117號　　　Tel: (02) 27784631
中興百貨復興店　　　　　台北市復興北路15號　　　　Tel: (02) 2731-2001

# Gucci
**台北**

中山北路旗艦店　　　　　台北市中山北路2段45巷5號1樓 Tel: (02) 25643234
來來飯店1樓　　　　　　台北市忠孝東路一段12號　　Tel: (02) 23512317
SOGO敦南新館1F　　　　台北市敦化南路1段246號　　Tel: (02)27112043
中興百貨復興店　　　　　台北市復興北路15號　　　　Tel: (02) 2731-2001

**台中**

新光三越百貨1F　　　　　台中市台中港路2段111號　　Tel: (04) 22599937

| | | |
|---|---|---|
| 中友百貨B棟2F | 台中市三民路3段161號2樓 | Tel: (04) 22256092 |

**台南**

| | | |
|---|---|---|
| 新光三越百貨 | 台南市中山路162號2樓 | Tel: (06) 2294249 |
| 新光三越台南新天地 | 台南市西門路1段658號 | Tel: (06) 303-0999 |

**高雄**

| | | |
|---|---|---|
| 漢神百貨3F | 高雄市成功一路266-1號 | Tel: (07) 2156883 |

# Hermes

**台北**

| | | |
|---|---|---|
| 環亞購物中心1F | 台北市南京東路3段337號 | Tel: (02)87124104<br>Fax: (02)87124105 |
| 麗晶精品B1 | 台北市中山北路2段39巷3號 | Tel: (02)25417805<br>Fax: (02)25417805 |
| 新光三越信義店A11 | 台北市松壽路11號 | Tel: (02)8780-1000 |

**台中**

| | | |
|---|---|---|
| 廣三SOGO二館1F | 台中市台中港路1段423號1樓 | Tel: (04)3198872 |

**台南**

| | | |
|---|---|---|
| 新光三越台南新天地 | 台南市西門路1段658號 | Tel: (06)303-0999 |

**高雄**

| | | |
|---|---|---|
| 漢神百貨3F | 高雄市成功一路266-1號3樓 | Tel: (07) 2156370 |

# Louis Vuitton

**台北**

| | | |
|---|---|---|
| LV Building | 中山北路2段47號 | Tel: (02) 25230753 |
| Taipei Mall | 復興北路97號 | Tel: (02)27186128 |

**台中**

新光三越百貨　　　　　台中市台中港路2段111號　　Tel: (04) 22587828

**高雄**

建台大丸百貨　　　　　高雄市自強三路7號1樓　　Tel: (07)5666558
LV專賣店　　　　　　　民生一路189號　　　　　　Tel: (07) 2263587

# Prada

**台北**

微風廣場1F　　　　　　台北市復興南路一段39號1樓　Tel: (02) 6600-8888
麗晶精品　　　　　　　台北市中山北路2段39巷3號　Tel: (02) 2523-8000
SOGO敦南店　　　　　　台北市敦化南路1段246號　　Tel: (02) 2776-5555

# Salvatore Ferragamo

**台北**

微風廣場旗艦店　　　　台北市復興南路一段39號1樓　Tel: (02) 6600-8888
SOGO敦南新館1F　　　　台北市敦化南路1段246號　　Tel: (02) 27737549
新光三越南西店1F　　　台北市南京西路12號1樓　　Tel: (02) 25230603
大葉高島屋1F　　　　　台北市忠誠路2段55號1樓　　Tel: (02) 28316977

**台中**

小雅1F　　　　　　　　台中市台中港路1段261號　　Tel: (04) 3250200

**台南**

新光三越台南新天地　　台南市西門路1段658號　　Tel: (06)303-0999

**高雄**

漢神百貨3F　　　　　　高雄市成功一路266-1號　　Tel: (07) 2161280
大立伊勢丹百貨5F　　　高雄市五福三路59號　　　Tel: (07) 2725654

■ 流行生活系列 **01** ■

# 愛 名 牌 ——走進名牌世界的第一本書

**作　　者**　蔣佳玲
**總 編 輯**　鄭花束（sue@book2000.com.tw）
**特約主編**　尤美玉
**視覺設計**　王慧莉
**圖片提供**　Burberry肯得公司
　　　　　　Chanel Chanel Taiwan Limited
　　　　　　Christian Dior克麗絲汀迪奧有限公司台灣分公司
　　　　　　Giorgio Armani中盛股份有限公司
　　　　　　Gucci台灣古馳股份有限公司
　　　　　　Fendi路易威登 LVMH Fashion Group
　　　　　　Hermes香港商愛馬仕大中華有限公司
　　　　　　Louis Vuitton路易威登 LVMH Fashion Group
　　　　　　Prada Prada Taiwan Limited
　　　　　　Salvatore Ferragamo台灣菲拉格慕股份有限公司
**文字校對**　黃淑惠

**發 行 人**　張正（david@book2000.com.tw）
**出 版 社**　恆兆文化有限公司
　　　　　　100 台北市中正區仁愛路二段7之1號4樓
**網　　址**　www.book2000.com.tw
**電　　話**　02-33932001　　傳眞02-33932916

**購書劃撥帳號**　19329140　戶名:恆兆文化有限公司
**出版日期**　2003年11月一刷

ISBN　957-28107-6-6　（平裝）
定價:299元

**總 經 銷**　　農學社股份有限公司　電話 02-29178022

Burberry【芭柏利】長風衣、格子紋、百褶裙，表現出強烈的英式生活風格。

Chanel【香奈兒】解放女性的桎梏，更開啟了女性主義的風潮。

Christian Dior【克麗絲汀迪奧】展現女性的柔美優雅，由法式宮廷走到街頭民族風。

Fendi【芬迪】以皮草著名，充滿奢華與貴族風範。

Armani【亞曼尼】簡單的剪裁、中性的風格，即能展現無限的品味與質感。

Gucci【古馳】以皮件起家，其包包系列、超高性感細跟鞋、黑色緞質的東洋風和服概念，出盡鋒頭。

Hermes【愛馬仕】精緻的皮革工藝，為精緻生活美學的一部分，馬車標誌訴說著其百年風采。

Louis Vuitton【路易威登】旅遊藝術的標誌，是許多名牌新鮮人的入門品牌。

Prada【普拉達】黑色尼龍布的手袋、皮鞋與配件，為現代極簡主義的代表。

Salvatore Ferragamo【菲爾格慕】以製鞋名聞世界，注重人體工學，表現實用精緻的生活時尚。